# 园林植物的种植与设计研究

张艳枝　魏春莲　宋刚勇　主编

吉林文史出版社

**图书在版编目（CIP）数据**

园林植物的种植与设计研究 / 张艳枝, 魏春莲, 宋
刚勇主编. -- 长春 : 吉林文史出版社, 2024.7.
ISBN 978-7-5752-0442-2

Ⅰ. S688；TU986.2

中国国家版本馆CIP数据核字第2024G33B06号

园林植物的种植与设计研究
YUANLIN ZHIWU DE ZHONGZHI YU SHEJI YANJIU

出 版 人：张　强
著　　者：张艳枝　魏春莲　宋刚勇
责任编辑：张焱乔
版式设计：张红霞
封面设计：王　哲
出版发行：吉林文史出版社
电　　话：0431-81629352
地　　址：长春市福祉大路5788号
邮　　编：130117
地　　址：www.jlws.com.cn
印　　刷：北京昌联印刷有限公司
开　　本：710mm×1000mm　1/16
印　　张：15.25
字　　数：240千字
版次印次：2024年7月第1版　2024年7月第1次印刷
书　　号：ISBN 978-7-5752-0442-2
定　　价：78.00元

# 编委会

主　编

张艳枝　魏春莲　宋刚勇

副主编

邱　莉　王雪辉　安　然　王玉杰　牛弯弯　余宏伟　杨伟民　王建业
李永贤　李鑫燕　胡述晓　郑　闯

参　编

余　倩　王　伟　亢亚超　吴建立　刘清玉

# 前　言

　　园林植物的种植与设计是园林艺术的核心组成部分，它不仅仅关乎植物的生长和繁衍，更承载着美化环境、提升生活质量的重要使命。随着城市化进程的加快和人们对生态环境质量的日益关注，园林植物的种植与设计研究显得尤为重要。

　　自古以来，园林植物就是人们追求和谐自然与美好生活的重要载体。从古代的皇家园林到现代的城市公园，从私家庭院到公共绿地，园林植物以其独特的魅力和生态价值，为人们的生活环境增添了无尽的色彩和活力。因此，深入研究园林植物的种植与设计，不仅是对传统园林艺术的传承与发展，还是对现代城市生态文明建设的有力推动。

　　在园林植物的种植方面，我们需要关注植物的生长习性、生态需求及其与环境的协调性。不同的植物对光照、水分、土壤等条件有着不同的要求，因此，在种植过程中，我们需要根据植物的生态习性和环境特点，选择合适的种植地点和种植方式，以确保植物能够健康生长并展现出最佳的观赏效果。在园林植物的设计方面，我们需要注重植物的形态、色彩、质感等视觉要素，以及植物与空间、建筑、小品等景观元素的融合与搭配。通过巧妙的设计，我们可以营造出各具特色的园林景观，满足人们不同的审美需求。同时，我们还需要关注植物的季相变化，使园林景观在不同季节呈现不同的风貌和韵味。

　　本书首先从园林植物种植的基础理论入手，介绍了园林植物的种植技术、园林植物的景观设计原则，其次详细分析了园林植物的种植布局、色彩设计、形态设计及生态设计，并对园林植物的养护管理作了重要探讨。

　　本书的写作汇集了作者辛勤的研究成果，值此脱稿付梓之际，作者深感欣慰。自身在写作过程中，虽然在理论性和综合性方面下了很大的功夫。但由于作者知识水平的不足，以及文字表达能力的限制，本书在专业性与可操作性上还存在较多不足。对此，希望各位专家学者和广大读者能够予以谅解，并提出宝贵意见，作者当尽力完善。

# 目　录

第一章　园林植物种植的基础理论 ………………………………………1

　　第一节　园林植物分的类与特性 ………………………………………1

　　第二节　植物生长与环境的关系 ………………………………………5

　　第三节　植物的生理与生态基础 ……………………………………12

　　第四节　土壤与植物营养 ……………………………………………19

　　第五节　园林植物的选择原则 ………………………………………25

第二章　园林植物的种植技术 ……………………………………………31

　　第一节　种植前的准备工作 …………………………………………31

　　第二节　植物的种植方法 ……………………………………………34

　　第三节　植物的移植与养护 …………………………………………39

　　第四节　种植季节与时机 ……………………………………………44

　　第五节　植物种植后的监测与管理 …………………………………49

第三章　园林植物的景观设计原则 ………………………………………55

　　第一节　景观设计的概念与意义 ……………………………………55

　　第二节　植物在景观设计中的作用 …………………………………61

　　第三节　景观设计的基本原则 ………………………………………67

　　第四节　植物景观的色彩与形态设计 ………………………………70

　　第五节　景观设计的空间布局 ………………………………………77

第四章　园林植物的种植布局 ……………………………………………85

　　第一节　种植布局的基本要素 ………………………………………85

　　第二节　植物群落的构建 ……………………………………………94

第三节　植物的种植密度与空间布局 ·········· 104

第四节　植物的种植层次与结构 ·············· 110

第五节　种植布局与园林风格的融合 ·········· 118

**第五章　园林植物的色彩设计** ·············· 125

第一节　色彩在园林设计中的应用 ············ 125

第二节　植物的色彩属性与变化 ·············· 130

第三节　色彩搭配的基本原则 ················ 136

第四节　季节色彩的设计与应用 ·············· 143

第五节　色彩设计与情感表达 ················ 150

**第六章　园林植物的形态设计** ·············· 157

第一节　植物形态的基本特征 ················ 157

第二节　形态设计的原则与技巧 ·············· 164

第三节　植物形态与空间的塑造 ·············· 171

第四节　植物形态与景观元素的搭配 ·········· 176

第五节　形态设计与园林意境的营造 ·········· 184

**第七章　园林植物的生态设计** ·············· 190

第一节　生态设计的概念与意义 ·············· 190

第二节　植物的生态功能与应用 ·············· 196

第三节　生态设计的原则与方法 ·············· 203

第四节　生物多样性保护与植物种植 ·········· 207

**第八章　园林植物的养护管理** ·············· 215

第一节　养护管理的重要性 ·················· 215

第二节　植物的日常养护措施 ················ 220

第三节　植物的更新与改造 ·················· 226

**参考文献** ······························ 234

# 第一章　园林植物种植的基础理论

## 第一节　园林植物分的类与特性

### 一、园林植物的分类方法

#### （一）按植物学分类

园林植物的分类可以从植物学的角度进行。这种分类方法主要依据植物的形态特征、生长习性、遗传关系等因素。例如，根据植物的生长习性，可以分将其为乔木、灌木、草本和藤本等；根据植物的形态，可以将其分为针叶树、阔叶树、常绿植物和落叶植物等。植物学分类方法有助于我们更深入地理解植物的生物学特性和生长规律，为园林植物的种植与养护提供科学依据。

植物学的分类方法应用广泛，不仅在园林设计中发挥着重要作用，还在植物育种、生态恢复等领域有着广泛应用。通过植物学分类方法，我们可以更精准地选择适合当地生态环境的植物种类，提高园林绿化的效果和可持续性。

#### （二）按观赏特性分类

除了按植物学分类外，对于园林植物还可以根据其观赏特性进行分类。这种分类方法的主要依据是植物的观叶、观花、观果、观形等观赏价值。例如，观叶植物主要包括各种常绿植物和彩叶植物，如松树、柏树、枫树等；观花植物主要包括各种花卉和开花乔木，如牡丹、月季、樱花等。

按观赏特性分类有助于我们根据园林设计的需要选择合适的植物种类，

营造出具有不同观赏效果的园林景观。同时，这种分类方法还有助于我们更好地挖掘和利用植物的观赏价值，推动园林植物资源的开发和利用。

### （三）按生态习性分类

对于园林植物还可以根据其生态习性进行分类。这种分类方法的主要依据是植物对光照、水分、土壤等环境因子的适应性。例如，根据植物对光照的适应性，可以将其分为喜光植物、耐阴植物和半阴植物；根据植物对水分的适应性，可以将其分为水生植物、湿生植物和旱生植物等。

按生态习性分类有助于我们更精准地选择适合当地生态环境的植物种类，提高园林绿化的生态效益和可持续性。同时，这种分类方法还有助于我们更好地理解和利用植物的生态功能，为城市生态建设和环境保护提供有力支持。

### （四）按经济用途分类

对于园林植物，我们还可以根据经济用途进行分类。这种分类方法的主要依据是植物在园艺、药用、木材等方面的应用价值。例如，园艺植物主要包括各种花卉、观赏树木和草坪植物，药用植物主要包括各种具有药用价值的植物，木材植物主要包括各种可以用于制作家具、建筑木材的植物。

按经济用途分类有助于我们更全面地了解园林植物的应用价值和经济潜力，为园林植物的产业发展提供有力支持。同时，这种分类方法还有助于我们更好地挖掘和利用园林植物资源，推动园林产业的可持续发展。

## 二、常见园林植物的特性

### （一）生长习性与适应性

常见的园林植物具有多样化的生长习性与适应性。乔木类植物，如松树和橡树，通常长得高大，根系发达，适应性强，能够在多种土壤和气候条件下生长。灌木类植物，如月季和杜鹃，它们通常较为矮小，生长密集，对土壤和光照条件的要求较为严格。一些水生植物，如荷花和睡莲，则需要在特定的水环境中生长。这些植物的生长习性与适应性决定了它们在园林设计中的适用范围和种植位置。

了解植物的生长习性与适应性对于园林设计至关重要。只有选择适合当地气候、土壤和水文条件的植物种类，我们才能确保植物的健康生长和园林景观的持久性。

## （二）观赏价值

常见的园林植物具有丰富的观赏价值。它们的形态、色彩、花期和芳香等特点各异，能够为园林景观的人游客带来不同的视觉效果和感官体验。例如，樱花以其盛开的花朵和短暂的花期吸引了众多游客，桂花以其浓郁的芳香和金黄色的花朵为秋季的园林增添了一抹亮色。

在园林设计中，充分利用植物的观赏价值是营造美丽景观的重要手段。通过合理的植物配置和布局，我们可以营造出丰富多彩的园林景观，给人们带来美的享受和愉悦的心情。

## （三）生态效益

常见园林植物不仅具有观赏价值，还具有重要的生态效益。它们能够吸收空气中的二氧化碳，释放氧气，净化空气，降低噪声，调节气候。例如，草坪植物能够吸收空气中的尘埃和有害物质，树木能够遮挡阳光、降低温度、增加湿度。

在城市化进程不断加快的今天，园林植物的生态效益显得尤为重要。通过增加园林绿地的面积和植物种类，我们可以改善城市生态环境，缓解城市热岛效应、提高城市居民的生活质量。

## （四）经济与社会价值

常见园林植物还具有一定的经济和社会价值。它们可以用于园艺生产、药材加工、木材制造等领域，为社会经济发展做出贡献。同时，园林植物还能够美化城市环境，提升城市形象，促进旅游业发展。例如，一些花卉市场通过销售观赏植物和花卉产品创造经济效益，一些公园和景区通过展示丰富的植物景观吸引游客。

总之，了解常见园林植物的特性对于园林设计和城市建设来说具有重要意义。只有充分地认识和利用这些植物的特性，我们才能打造出更加美丽、健康、可持续的园林景观。

## 三、园林植物特性的应用

### （一）植物美学特性在园林设计中的应用

在园林设计中，植物的美学特性是不可或缺的要素。植物因其形态、色彩、质地等特征，能够营造出丰富多样的视觉效果。例如，常绿植物能够为园林提供持久的绿色背景，开花植物则能以其鲜艳的色彩为园林增添活力。此外，植物的形态变化，如树形的优雅、灌木的丛生等，能为园林空间增添层次感和动感。在园林设计中，我们应根据植物的这些美学特性，合理配置植物的种类和数量，以达到最佳的视觉效果，让人们在园林中感受到自然之美。

### （二）植物生态功能在园林环境中的应用

除了美学价值外，植物在园林环境中还承担着重要的生态功能。首先，植物通过光合作用能够释放氧气，吸收二氧化碳，对提高空气质量有着重要作用。其次，植物的根系能够固定土壤，减少水土流失，保护生态环境。最后，植物能够调节微气候，为园林环境提供阴凉和清新的空气。在园林设计中，我们应充分考虑植物的生态功能，选择适宜的树种和植被配置方式，以创造健康、舒适的园林环境。

### （三）植物文化寓意在园林文化中的应用

植物在中国文化中有着深厚的寓意，如梅花代表坚韧不拔、竹子象征高风亮节等。在园林设计中，我们可以利用植物的文化寓意，打造具有文化内涵的园林空间。例如，在庭院中种植梅花和竹子，可以营造一种高雅、清逸的氛围；在公园中设置以松树为主题的景区，可以传达坚韧不拔、积极向上的精神。这样的设计不仅能够提升园林的文化内涵，还能够让人们在欣赏园林美景的同时，感受到文化的熏陶。

### （四）植物季相变化在园林时序景观中的应用

植物的季相变化是园林时序景观的重要组成部分。随着季节的更替，植物的形态、色彩等都会发生相应的变化，为园林带来不同的景观效果。例如，春季的园林中，万物复苏，百花盛开；夏季是绿树成荫，郁郁葱葱；秋季层林尽染，色彩斑斓；冬季则银装素裹，静谧祥和。在园林设计中，我们应充分考虑植物的季相变化特点，合理配置植物的种类和数量，以营造四季有景、季季不同的园林时序景观。这样的设计不仅能够丰富人们的视觉体验，还能够让人们感受到时间的流转和生命的循环。

# 第二节  植物生长与环境的关系

## 一、环境因素对植物生长的影响

### （一）光照对植物生长的影响

光照是植物生长的关键环境因素之一，对植物的生长、发育和代谢过程具有深远的影响。首先，光照为植物提供了进行光合作用所需的能量，这是植物合成有机物、积累养分的基础。不同植物对光照强度的需求各异，例如，喜光植物在强光下生长茂盛，耐阴植物则能在光照较弱的环境中生存。

光照时间的长短对植物的生长也有显著影响。长日照植物在光照时间较长的季节生长迅速，短日照植物则在光照时间较短的季节进入生殖生长期。此外，光照的周期变化还影响着植物的开花、结果等生殖过程。

光照质量，即光谱成分，对植物的生长同样重要。不同波段的光对植物的生长有不同的作用，如蓝光和红光对植物的光合作用至关重要，紫外光则对植物的抗病虫害能力有增强作用。因此，合理调控光照质量，有助于促进植物的健康生长。

在实际应用中，人们可以通过调整种植密度、修剪枝叶等方式改善植物的光照条件，从而优化植物的生长环境。同时，在温室栽培、植物工厂等现代农业生产中，利用人工光源模拟自然光照条件，已经成为一种有效的植物生长调控手段。

### （二）温度对植物生长的影响

温度是影响植物生长的重要因素之一，它直接关系到植物体内各种酶的活性和代谢过程。一般来说，植物生长的最适温度的范围较小，过高或过低的温度都会对植物的生长产生不利影响。

在适宜的温度范围内，植物的生长速度较快，代谢旺盛。然而，当温度超过植物的耐热范围时，植物的生长就会受到抑制，甚至面临死亡。低温同样会对植物的生长产生负面影响，如降低酶的活性、减缓代谢速度、抑制细胞分裂等。

除了影响生长速度外，温度还会影响植物的开花、结果等生殖过程。一些植物在特定的温度条件下才能开花结果，如春化作用要求植物在低温条件下经过一定的时间才能开花。因此，在农业生产中，人们常常利用温度调控技术促进植物的生殖生长，提高农产品的产量和品质。

在实际应用中，人们可以通过调整种植时间、选择耐寒或耐热的品种、采取保温或降温措施等方式，适应温度变化对植物生长的影响。同时，在温室栽培、植物工厂等现代农业生产中，利用温度调控技术来为植物创造适宜的生长环境，已经成为一种重要的生产手段。

### （三）水分对植物生长的影响

水分是植物生长不可或缺的环境因素之一，它直接参与植物体内的各种代谢过程。水分对植物生长的影响主要表现在以下几个方面。

首先，水分既是植物进行光合作用的原料之一，也是植物体内各种代谢活动的介质。植物通过吸收土壤中的水分，并将水分运输到各部位，为细胞提供必要的代谢环境。

其次，水分影响着植物的形态和结构。在水分充足的情况下，植物的叶片饱满、茎秆粗壮;在水分不足的情况下，植物的叶片萎蔫、茎秆细弱。因此，水分条件对植物的外观和品质有着重要影响。

最后，水分通过影响土壤环境间接影响植物的生长。例如，水分过多会导致土壤通气性变差、根系缺氧，水分过少会使土壤干燥、根系发育不良。因此，在农业生产中，人们需要合理调控水分供应，为植物创造适宜的生长环境。

### （四）土壤条件对植物生长的影响

土壤是植物生长的基质，它提供了植物生成所需的营养物质和水分。土壤条件对植物生长的影响主要表现在以下几个方面。

首先，土壤的质地和结构影响着植物根系的发育。疏松、肥沃的土壤有利于植物根系的生长和发育，紧实、贫瘠的土壤会限制植物根系的生长。

其次，土壤的 pH 值和养分含量对植物的生长有重要影响。不同植物对土壤 pH 值和养分含量的适应性不同，因此，在农业生产中，人们需要根据植物的特性选择适宜的土壤类型和进行土壤改良。

最后，土壤中的微生物和有机物质对植物的生长有积极影响。微生物能够分解有机物质并释放养分供植物吸收；有机物质能够改善土壤结构、提高土壤肥力。因此，在农业生产中，人们可以通过增施有机肥、接种有益微生物等方式改善土壤条件，促进植物的健康生长。

## 二、植物对环境的适应性

### （一）植物对光照环境的适应性

植物对光照环境的适应性是其生存和繁衍的重要基础。光照不仅为植物提供了光合作用的能量来源，还影响着植物的生长、开花和结果等生理过程。

首先，植物通过形态结构的适应性变化应对不同的光照条件。例如，喜光植物通常具有较大的叶片面积和较高的叶片密度，以便更有效地捕获光能；耐阴植物具有较小的叶片和较厚的叶片组织，以减少光能的损失和适应低光环境。

其次，植物通过生理机制的适应性变化应对光照变化。植物体内的光合色素（如叶绿素和类胡萝卜素）对光照的敏感性和适应性不同，植物可以根据光照强度的变化调整光合色素的含量和比例，以适应不同的光照环境。此外，植物还能通过调整气孔的开闭程度、合成抗光氧化物质等方式应对光照胁迫。

再次，植物能通过生物钟机制适应光照周期的变化。生物钟使植物能够根据光照周期的变化，调整生长和代谢的节奏，以适应不同的季节和气候条件。例如，许多植物在春季开始生长和开花，这与春季光照时间的增加密切相关。

最后，植物通过基因表达的适应性变化应对光照环境的变化。基因表达的变化使植物能够在不同光照条件下合成不同的蛋白质和酶类，以适应不同的生理需求。这种适应性变化是植物在长期进化过程中形成的，使植物能够在各种光照环境中生存和繁衍。

## （二）植物对温度环境的适应性

温度是影响植物生长和发育的重要因素之一，植物通过一系列适应性机制应对温度环境的变化。

首先，植物通过形态结构的适应性变化来应对温度的变化。例如，寒带植物通常具有较厚的叶片和茎秆组织，以减少热量散失；热带植物具有较大的叶片面积和较薄的叶片组织，以更有效地散热。此外，一些植物还能通过改变叶片的朝向和角度来减少阳光直射，从而降低叶片温度。

其次，植物通过生理机制的适应性变化来应对温度变化。例如，植物可以通过调节气孔的开闭程度控制蒸腾作用，以维持体内水分平衡和降低叶片温度。此外，植物还能合成一些抗寒或抗热物质，如抗冻蛋白和热休克蛋白等，以提高对极端温度的耐受性。

再次，植物能通过生物钟机制来适应温度周期的变化。生物钟使植物能够根据温度的周期变化调整生长和代谢的节奏，以适应不同的季节和气候条件。例如，许多植物在冬季进入休眠期以应对低温环境，在春季则开始生长和开花以应对温暖环境。

最后，植物能通过基因表达的适应性变化来应对温度环境的变化。基因表达的变化使植物能够在不同温度条件下合成不同的蛋白质和酶类，以适应不同的生理需求。这种适应性变化是植物在长期进化过程中形成的，使植物能够在各种温度环境中生存和繁衍。

## （三）植物对水分环境的适应性

植物对水分环境的适应性是其生存和繁衍的重要保障。水分是植物生命活动的基础，对植物的生长、发育和代谢过程具有至关重要的影响。在不同的水分环境中，植物通过一系列适应性机制确保自身的生存和繁衍。

首先，植物通过根系结构的适应性变化来应对不同的水分条件。在干旱环境中，植物的根系通常发达，能够深入土壤中吸收水分。一些耐旱植物还具有特殊的根系结构，如肉质根或储水组织，以储存水分供干旱时期使用。在湿润的环境中，植物的根系则相对较短，主要分布在土壤表层，以便快速吸收水分。

其次，植物通过生理机制的适应性变化来应对水分胁迫。在干旱条件下，植物会关闭气孔以减少蒸腾作用和水分散失。同时，植物还会合成一些抗旱物质，如脯氨酸、糖类和激素等，以调节细胞内外的渗透压，维持水分平衡。在水分过多的环境中，植物则通过增加蒸腾作用排出多余的水分，避免根系缺氧和腐烂。

再次，植物能通过生长和发育的适应性变化来应对水分环境的变化。在干旱环境中，植物会减缓生长速度，减少叶片面积和数量，以降低水分需求。在湿润环境中，植物则会加速生长，增加叶片面积和数量，以充分利用水分资源。

最后，植物通过基因表达的适应性变化来应对水分环境的变化。基因表达的变化使植物能够在不同水分条件下合成不同的蛋白质和酶类，以适应不同的生理需求。这种适应性变化是在植物长在期进化过程中形成的，使植物能够在各种水分环境中生存和繁衍。

### （四）植物对土壤环境的适应性

土壤环境是植物生长的基质，对植物的生长和发育具有决定性的影响。植物通过一系列适应性机制应对不同的土壤条件，以确保自身的生存和繁衍。

首先，植物通过根系结构的适应性变化来应对不同的土壤类型。在疏松肥沃的土壤中，植物的根系通常发达，能够充分吸收土壤中的养分和水分。在贫瘠或紧实的土壤中，植物的根系则会更加深入土壤中，以寻找养分和水分。一些植物还具有特殊的根系结构，如根瘤菌共生体，根瘤菌能够固定空气中的氮素，为植物提供氮源。

其次，植物通过生理机制的适应性变化来应对土壤中的营养物质变化。植物能够根据土壤中不同养分的含量和比例调整其养分吸收策略。例如，在氮素缺乏的土壤中，植物会增强对氮素的吸收能力，并合成一些氮素代谢相关的酶类；在磷素缺乏的土壤中，植物则会增强对磷素的吸收和利用能力。

再次，植物通过调整其叶片和茎秆的化学成分来应对土壤中的盐分与酸碱度变化。在盐碱地中，植物会合成一些有机酸以中和土壤中的碱性物质，以降低土壤 pH 值；在酸性土壤中，植物则会合成一些碱性物质以中和土壤中的酸性物质，以提高土壤 pH 值。这些适应性变化有助于植物在盐碱地和酸性土壤中生存与繁衍。

最后，植物通过基因表达的适应性变化来应对土壤环境的变化。基因表达的变化使植物能够在不同土壤条件下合成不同的蛋白质和酶类，以适应不同的生理需求。这种适应性变化是植物在长期进化过程中形成的，使植物能够在各种土壤环境中生存和繁衍。

## 三、环境因子与植物生长的关系分析

### （一）光照与植物生长的关系

光照是植物生长过程中不可或缺的环境因子之一，对植物的生长、发育和生理过程具有显著影响。首先，光照是植物进行光合作用的基础，提供了植物生长所需的能量和原料，是植物生长的基石。

在光照强度方面，不同植物对光照强度的需求不同。强光植物在充足的光照条件下能够茁壮成长，耐阴植物则能在较低的光照条件下生存。光照强度过低会限制植物的光合作用，影响植物的生长速度和生物量积累；光照强度过高则可能导致植物叶片被灼伤，甚至影响植物的正常生长。

光照时间的长短也对植物的生长有重要影响。长日照植物在光照时间较长的季节生长迅速，短日照植物则在光照时间较短的季节进入生殖生长期。光照时长的变化会影响植物的生长周期和开花时间，对植物的生殖生长和种子产量有直接影响。

此外，光照质量，即光谱成分，也对植物的生长有显著影响。不同波段的光对植物的生长有不同的作用，如蓝光和红光对植物的光合作用至关重要。通过调整光照质量，我们可以优化植物的生长环境，提高植物的生长效率和品质。

综上所述，光照与植物生长的关系密切，光照强度、时间和质量的变化都会影响植物的生长与发育。因此，在农业生产中，合理调控光照条件对提高植物的生长效率和产量具有重要意义。

## （二）温度与植物生长的关系

温度是影响植物生长的重要环境因子之一，对植物的生长、发育和生理过程具有显著影响。温度的变化会影响植物体内酶的活性和代谢速度，进而影响植物的生长速度和品质。

首先，适宜的温度是植物正常生长的基础。在适宜的温度范围内，植物的生长速度较快，代谢旺盛。然而，当温度超过植物的耐热范围时，植物的生长就会受到抑制，甚至面临死亡。低温同样会对植物的生长产生负面影响，如降低酶的活性、减缓代谢速度、抑制细胞分裂等。

其次，温度的变化会影响植物的开花和结果。一些植物在特定的温度条件下才能开花结果，如春化作用要求植物在低温条件下经过一定的时间才能开花。因此，在农业生产中，合理调控温度有助于促进植物的生殖生长和提高种子产量。

最后，温度会影响植物的形态和结构。在适宜的温度条件下，植物的叶片饱满、茎秆粗壮；而在高温或低温条件下，植物的叶片可能出现萎蔫、枯黄等现象。这些变化会影响植物的外观和品质，降低植物的市场价值。

综上所述，温度与植物生长的关系密切，温度的变化会影响植物的生长速度、品质和生殖生长。因此，在农业生产中，合理调控温度条件对提高植物的生长效率和产量具有重要意义。

## （三）水分与植物生长的关系

水分是植物生命活动的物质基础，对植物的生长和发育具有至关重要的影响。水分不仅参与植物的光合作用、呼吸作用等生理过程，还直接影响植物的形态结构和生理功能。

首先，水分是植物进行光合作用的原料之一，参与光合产物的合成和运输。在水分充足的条件下，植物的光合作用效率高，能够合成更多的有机物质，为植物的生长提供充足的能量和原料。然而，在干旱环境中，水分供应不足会导致植物的光合作用减弱，进而影响植物的生长和发育。

其次，水分影响着植物的形态结构。在水分充足的条件下，植物的叶片饱满、茎秆粗壮；在干旱环境中，植物的叶片可能出现萎蔫、枯黄等现象，茎秆也变得细弱。这些变化不仅影响了植物的外观和品质，还可能降低植物的光合作用效率和抗逆性。

### （四）土壤与植物生长的关系

土壤是植物生长的基质，为植物提供了其生长所需的营养物质、水分和空气。土壤的物理性质、化学性质和生物性质都会对植物的生长与发育产生重要影响。

首先，土壤的物理性质影响着植物的根系生长。土壤的结构、质地和通气性等物理性质会影响根系的生长与发育。疏松肥沃的土壤有利于根系的生长和养分的吸收，紧实贫瘠的土壤则会限制根系的生长和养分的供应。

其次，土壤的化学性质对植物的生长有重要影响。土壤的 pH 值、养分含量和离子交换能力等化学性质会影响植物对养分的吸收与利用。适宜的土壤 pH 值和充足的养分供应有利于植物的生长与发育，酸碱失衡和养分缺乏最后则会导致植物生长受限甚至死亡。

最后，土壤中的微生物和有机物质对植物的生长有重要影响。微生物能够分解有机物质并释放养分供植物吸收，有机物质则能够改善土壤结构、提高土壤肥力和增强植物的抗逆性。因此，在农业生产中，合理调控土壤环境对提高植物的生长效率和产量具有重要意义。

# 第三节　植物的生理与生态基础

## 一、植物的生理基础

### （一）光合作用

光合作用是植物生理中最为基础和关键的过程之一，它是指植物利用光能将二氧化碳和水转化为有机物质（如葡萄糖）与氧气的过程。光合作用的顺利进行对于植物的生长、发育和能量供应至关重要。

首先，光合作用主要发生于植物的叶绿体中，其中含有进行光合作用所必需的色素（如叶绿素）和酶。在光照条件下，叶绿素能够吸收光能并将其转化为化学能，进而驱动光合作用的进行。

其次，光合作用的过程可以分为光反应和暗反应两个阶段。光反应阶段主要发生在叶绿体的类囊体膜上，涉及光能的吸收、传递和转换，以及能量（ATP 和 NADPH）的产生。暗反应阶段则主要发生在叶绿体基质中，利用光反应产生的能量和二氧化碳合成有机物质。

光合作用的效率受到多种因素的影响，包括光照强度、光质（光谱成分）、温度、水分和二氧化碳浓度等。在农业生产中，通过合理调控这些因素，我们可以提高植物的光合作用效率和产量。

光合作用的研究具有重要的生态学意义。植物通过光合作用将太阳能转化为化学能，为整个生态系统提供了能量基础。同时，光合作用产生的氧气对于维持地球大气中的氧气平衡也具有重要作用。

### （二）呼吸作用

呼吸作用是植物体内另一个重要的生理过程，是指植物通过分解有机物质释放能量的过程。与光合作用相反，呼吸作用不需要光照条件，可以在任何时间进行。

植物进行呼吸作用的主要场所是其细胞质基质和线粒体。在进行呼吸作用的过程中，植物将有机物质（如葡萄糖）分解为二氧化碳和水，并释放能量。这些能量被用于维持植物的生命活动，如细胞分裂、物质合成和离子转运等。

呼吸作用的类型主要包括氧呼吸和无氧呼吸。有氧呼吸是在氧气的参与下进行的，其效率较高，产生的能量也较多。无氧呼吸是在无氧条件下进行的，其效率较低，且可能产生对植物有害的物质（如乙醇）。

呼吸作用的强度受到多种因素的影响，包括温度、水分、氧气浓度和植物的生长状态等。在农业生产中，通过合理调控这些因素，我们可以优化植物的生长环境，提高植物的生长效率和产量。

呼吸作用的研究具有重要的理论意义。呼吸作用是生物体内能量代谢的基础，对于人们理解生物体的生命活动规律和能量转换机制具有重要意义。

### （三）水分代谢

水分代谢是指植物体内水分吸收、运输、利用和散失的过程，对于维持植物体内的水分平衡和正常生理活动至关重要。

首先，植物通过根系从土壤中吸收水分，并利用茎秆和叶片的运输系统将水分输送到各部位。水分的吸收和运输受到土壤水分含量、土壤通气性、植物根系结构和叶片蒸腾作用等因素的影响。

其次，植物体内的水分主要用于维持细胞膨压、参与光合作用和呼吸作用等生理过程。同时，植物通过蒸腾作用将多余的水分释放到大气中，以维持体内的水分平衡。蒸腾作用受到光照、温度、空气湿度和植物气孔开闭程度等因素的影响。

水分代谢的调控对于植物的生长和发育具有重要意义。在干旱环境中，植物通过减少蒸腾作用、增强根系吸水能力和合成抗旱物质等方式应对水分胁迫；在湿润环境中，植物则通过增加蒸腾作用、促进养分吸收等方式，充分利用水资源。

### （四）矿质营养

矿质营养的吸收是植物从土壤中吸收无机盐类并将其转化为自身所需营养物质的过程。这些无机盐类包括氮、磷、钾、钙、镁、硫等元素，对于植物的生长和发育具有至关重要的作用。

植物通过根系从土壤中吸收这些无机盐类，并利用茎秆和叶片的运输系统将其输送到各部位。在植物体内，这些无机盐类被转化为有机物质（如氨基酸、核苷酸等），并参与蛋白质、核酸等重要生物大分子的合成过程。

矿质营养的吸收和利用受到多种因素的影响，包括土壤养分含量、土壤pH值、植物的根系结构和养分吸收机制等。在农业生产中，通过合理施肥和调控土壤环境，我们可以提高植物的养分吸收效率和产量。

矿质营养的研究还具有重要的理论意义。矿质营养是植物生命活动的基础之一，对于人们理解植物的生长和发育机制、提高植物的抗逆性与品质等方面具有重要意义。

## 二、植物的生态基础

### （一）植物与环境的相互作用

植物与环境之间存在密切而复杂的相互作用关系。植物不仅受到环境的影响，也通过自身的生理和生态过程对环境产生影响。

首先，植物通过根系吸收土壤中的水分和养分，利用叶片进行光合作用和呼吸作用，与大气进行气体交换。这些过程使植物与环境之间形成了紧密的联系。同时，植物能够通过根系释放有机物质，改善土壤结构，增强土壤肥力，对土壤环境产生积极影响。

其次，植物对环境具有适应性和耐受性。在不同的环境条件下，植物会通过调整自身的生理和生态特性来适应环境。例如，在干旱环境中，植物会通过减少蒸腾作用、增强根系吸水能力和合成抗旱物质等方式应对水分胁迫；在盐碱环境中，植物会通过分泌有机酸等方式调节土壤盐碱度，以适应不良环境。

最后，植物与动物、微生物等其他生物之间也存在相互作用的关系。植物为动物提供食物和栖息地，与微生物形成共生关系，三者共同构成了复杂的生态系统。这些相互作用关系使植物在生态系统中扮演着重要的角色。

### （二）植物群落的组成与结构

植物群落是由多种植物个体组成的集合体，具有一定的组成和结构特征。植物群落的组成和结构受到环境因素、物种特性和生物间相互作用等因素的影响。

首先，环境因素对植物群落的组成和结构具有重要影响。不同的环境因素会导致植物群落的物种组成和数量发生变化。例如，在水分充足的地区，湿生植物和水生植物的数量较多；在干旱地区，旱生植物的数量占据优势。

其次，物种特性是影响植物群落组成和结构的重要因素。不同物种的环境适应能力、生长速度和繁殖方式等特性不同，导致它们在群落中的地位和作用也不同。例如，有的分物种具有较强的竞争力，能够在竞争中占据优势地位；有的分物种则具有较强的耐受性，能够在恶劣环境中生存下来。

最后，生物间的相互作用也对植物群落的组成和结构产生了影响。植物与动物、微生物之间的相互作用关系会影响植物的生长、繁殖和死亡等过程，进而影响植物群落的组成和结构。

### （三）植物群落的演替与稳定性

植物群落的演替是指一个群落被另一个群落替代的过程，是植物群落动态变化的重要表现之一。植物群落的演替受到多种因素的影响，包括环境因素、物种特性和生物间的相互作用等。

首先，环境因素的变化是植物群落演替的重要因素之一。例如，气候变化、土壤侵蚀和火灾等自然因素会导致环境条件的改变，进而影响植物群落的组成和结构。此外，人类活动如农业开发、城市建设和环境污染等也会对植物群落的演替产生影响。

其次，物种特性是植物群落演替的重要因素之一。不同物种的竞争力、耐受性和繁殖方式等特性不同，导致它们在群落中的地位和作用也不同。在演替过程中，一些物种可能会逐渐消失或衰退，另一些物种则可能逐渐兴起或占据优势地位。

最后，生物间的相互作用也会对植物群落的演替产生影响。植物与动物、微生物之间的相互作用关系会影响植物的生长、繁殖和死亡等过程，进而影响植物群落的演替方向和速度。

植物群落的稳定性是指群落保持其结构和功能相对稳定的能力。植物群落的稳定性受到多种因素的影响，其中包括物种多样性、物种间的相互作用和环境条件的变化等。保持植物群落的稳定性对于维护生态系统的平衡和稳定具有重要意义。

## （四）植物在生态系统中的功能

植物在生态系统中扮演着多重且至关重要的角色，它们不仅仅是生态系统的基础，更是维持生态平衡和提供生态服务的关键元素。

首先，植物是生态系统中的生产者。通过光合作用，植物能够利用太阳能将无机物质转化为有机物质，为整个生态系统提供物质基础和能量来源。这种转化过程不仅支持了植物自身的生长和发育，也为其他生物提供了食物和能量，是生态系统能量流动和物质循环的起点。

其次，植物在维持生态系统稳定方面发挥着重要作用。植物群落能够防止水土流失、保持土壤肥力、调节气候、净化空气和水分等。例如，在森林和草原等植被茂密的地区，其土壤保持和水源涵养能力较强，能够有效减少自然灾害的发生；同时，植物能够通过吸收和转化大气中的有害物质，提高环境质量。

再次，植物在生物多样性保护方面具有重要意义。植物群落是生物多样性的重要载体，为各种动物、微生物提供了栖息地和食物。同时，植物本身也具有丰富的遗传多样性，为稳定生态系统和适应环境变化提供了重要保障。

最后，植物在生态系统中具有文化价值。植物不仅是人类食物和药物的重要来源，也是人类文化和精神生活的重要组成部分。植物的观赏价值和生态美学价值，使人们更加关注自然环境和生态保护。

总之，植物在生态系统中具有不可替代的功能和价值。保护和恢复植物的多样性、维护植物群落的稳定和健康、合理利用植物资源等，是实现生态系统可持续发展和人类社会可持续发展的重要途径。

## 三、植物的生理与生态基础在园林植物种植中的应用

### （一）生理特性在园林植物选择中的应用

在园林植物种植中，充分理解和利用植物的生理特性是确保植物健康生长与园林景观持久美丽的关键。

首先，植物的光合作用效率是衡量其生长能力和观赏价值的重要指标。在选择园林植物时，应优先考虑那些光合作用效率高、适应性强的品种，以确保植物在园林环境中充分进行光合作用，维持良好的生长状态。

其次，植物的呼吸作用特性是选择园林植物时需要考虑的因素。不同植物在进行呼吸作用的过程中对氧气的需求和二氧化碳的排放量有所不同。在密闭或通风不良的园林空间中，应选择呼吸作用较弱、对氧气需求较低的植物，以避免缺氧影响植物的生长和观赏效果。

最后，植物的抗逆性是选择园林植物时的重要考虑因素。抗逆性强的植物能够更好地适应环境变化，抵抗病虫害和自然灾害的侵袭。在选择园林植物时，应充分考虑植物对干旱、寒冷、盐碱地等不良环境的适应能力，选择那些抗逆性强、适应范围广的品种。

### （二）生态原理在园林植物配置中的应用

在园林植物配置中，生态原理的应用是实现园林景观和谐、生态平衡的关键。首先，应根据植物群落的演替规律和稳定性原理，合理配置不同种类的植物，构建稳定的植物群落。通过模拟自然植物群落的层次结构和物种组

成，我们可以增强园林生态系统的稳定性和自我恢复能力。

其次，在园林植物配置中，应充分考虑植物间的相互作用关系。通过合理配置植物种类和数量，我们可以促进植物间的互利共生和相互依存关系，提高植物的生长效率和生态系统的稳定性。例如，在园林中种植豆科植物和固氮菌共生的植物，可以提高土壤的肥力，促进其他植物的生长。

最后，在园林植物配置中，应充分考虑植物对环境的改善作用。通过种植具有净化空气、保持水土、调节气候等功能的植物，可以提高园林环境的质量，提高生态系统的生态效益。例如，在园林中种植具有吸附尘埃、净化空气功能的植物，可以提高空气质量，提高人们的居住舒适度。

### （三）植物的生理与生态基础在园林植物养护中的应用

在园林植物养护中，生理与生态知识的应用是提高植物养护效果和降低养护成本的关键。首先，应充分了解植物的生理需求，根据植物的生长习性和生长阶段，合理制订养护计划和采取措施。例如，在植物生长期间，应适时施肥、浇水、修剪等，以满足植物的生长需求，促进其健康生长。

其次，在园林植物养护中，应充分考虑生态系统的自我恢复能力。通过减少人为干预和干扰，让植物在自然环境中进行自我恢复和生长，我们可以降低养护成本和提高养护效果。同时，在养护过程中，应充分利用生态系统的自然调节机制，如通过扩大植被覆面、改善土壤结构等方式，提高生态系统的稳定性和自我恢复能力。

最后，在园林植物养护中，应注重预防病虫害的发生。通过了解植物的生态习性和病虫害的发生规律，采取合理的预防措施和治疗方法，我们可以有效地减少病虫害对植物的危害。同时，在养护过程中，应尽量减少化学农药的使用，采用生物防治等环保方法，以保护生态系统的平衡和稳定。

### （四）植物的生理与生态基础在园林景观设计中的应用

在园林景观设计中，生理与生态知识的应用是实现园林景观和谐、生态可持续发展的关键。首先，在园林景观设计中，应充分考虑植物的生长习性和生态需求。通过选择适合当地气候、土壤等条件的植物种类和品种，我们可以确保植物在园林环境中的健康生长和良好表现。同时，在设计中应充分考虑植物与周围环境的协调性和相融性，避免过度设计或人为干预对植物造成不利影响。

其次，在园林景观设计中，应充分考虑生态系统的完整性和稳定性，通过模拟自然生态系统的结构和功能，构建具有完整性和稳定性的园林景观系统。在设计中应注重植物群落的层次结构和物种组成，营造丰富多样的生态环境和景观效果。同时，在设计中应充分考虑生态系统的自我恢复能力和抗干扰能力，以提高园林景观的可持续性和稳定性。

最后，在园林景观设计中，应注重环保和可持续发展的理念，通过采用环保材料、节能技术等方式，减少对环境的影响和破坏。同时，在设计中应充分考虑景观的长期使用价值和生态价值，确保园林景观保持观赏价值和生态效益。

# 第四节 土壤与植物营养

## 一、土壤的基本性质

### （一）土壤的组成与结构

土壤是由固相、液相和气相三相物质组成的复杂体系。固相主要由矿物质颗粒、有机质和生物体残体组成，是土壤的主体结构，对土壤的物理性质、化学性质和生物性质有决定性的影响。液相主要是土壤水分，其含量和性质对土壤肥力、作物生长与土壤环境有重要作用。气相主要是土壤中的空气，其存在和流动对土壤的气体交换、生物活动与物质转化等过程具有重要影响。

土壤的结构是指土壤颗粒的排列和组合方式，它直接影响土壤的通气性、透水性和保水性等物理性质。良好的土壤结构有利于作物根系的生长和发育，也有利于提高土壤肥力和水分利用效率。土壤的组成和结构是土壤的基本性质之一，对土壤的生产力和环境功能具有决定性作用。

### （二）土壤的物理性质

土壤的物理性质是指土壤在物理状态下的特性，包括土壤质地、土壤结构、土壤容重、土壤孔隙度、土壤通气性和土壤透水性等。这些性质直接影响土壤的水分、空气和热量状况,从而影响作物的生长和发育。

土壤质地是指土壤中不同大小颗粒的组成比例,它决定了土壤的保水保肥能力和通气性。土壤结构反映了土壤颗粒的排列和组合方式,对土壤的通气性和透水性有重要影响。土壤容重和孔隙度则反映了土壤的紧实程度和空间结构,对土壤的水分保持和气体交换有重要作用。

在农业生产中,了解和掌握土壤的物理性质对于合理施肥、灌溉和耕作等农业管理措施的合理使用具有重要意义。通过调节土壤的物理性质,我们可以改善土壤的水分和空气状况,提高土壤肥力和作物产量。

### (三)土壤的化学性质

土壤的化学性质是指土壤中的化学物质组成、含量和化学反应特性。这些性质对土壤肥力、作物生长和土壤环境有重要影响。

土壤中的化学物质主要包括有机质、无机盐类、微量元素和酸碱度等。有机质是土壤肥力的主要来源之一,它含有丰富的营养元素和微生物,能够促进土壤微生物的繁殖和活动,提高土壤肥力和作物产量。无机盐类是作物生长所必需的营养元素之一,其在土壤中的含量和比例对作物的生长与产量有重要影响。土壤中微量元素的含量虽然很少,但其对作物的生长和品质有重要作用。酸碱度则反映了土壤的酸碱性质,对土壤肥力和作物生长有重要影响。

在农业生产中,了解和掌握土壤的化学性质对于合理施肥、调节土壤酸碱度与改善土壤环境具有重要意义。通过科学施肥和调节土壤酸碱度等措施,我们可以提高土壤肥力和作物产量,促进农业生产的可持续发展。

### (四)土壤的生物性质

土壤的生物性质是指土壤中生物的数量、种类和活动状况。土壤中的生物包括微生物、动物和植物根系等,它们与土壤中的非生物成分相互作用,共同构成了复杂的土壤生态系统。

土壤微生物是土壤生态系统中最活跃的部分之一,它们参与了土壤有机质的分解、养分转化和生物固氮等过程,对土壤肥力和作物生长有重要作用。

土壤动物通过取食、排泄和掘穴等活动，对土壤的物理性质和化学性质产生了影响。植物根系则通过分泌有机物质和与微生物形成共生关系等方式，与土壤环境进行物质交换和信息传递。

在农业生产中，了解并掌握土壤的生物性质对于促进土壤生态系统的平衡和稳定、提高土壤肥力和作物产量具有重要意义。通过合理耕作、保护土壤生物多样性和促进土壤微生物活动等措施，我们可以维护土壤生态系统的健康和功能，促进农业生产的可持续发展。

## 二、土壤与植物营养的关系

### （一）土壤是植物营养的主要来源

土壤是植物营养的主要途径，它富含植物生长所需的各种营养元素。这些元素以不同的形态存在于土壤中，包括无机态和有机态。对于无机态的营养元素，如氮、磷、钾等，植物能通过根系直接吸收。有机态的营养元素只有经过土壤微生物的分解和转化，才能被植物吸收利用。

在植物生长过程中，根系与土壤之间的紧密接触为营养元素的传输提供了基础。植物通过根系的吸收作用，将土壤中的营养元素转化为自身所需的营养物质，以满足自身生长和发育的需要。因此，土壤的物理性质、化学性质和生物性质都直接影响着植物对营养元素的吸收与利用效率。

### （二）土壤肥力与植物营养的关系

土壤肥力是指土壤为植物提供营养的能力。肥力高的土壤含有丰富的营养元素，能够满足植物在生长过程中对养分的需求，从而促进植物的健康生长和高产。土壤肥力受到多种因素的影响，其中包括土壤有机质含量、土壤微生物活动、土壤结构等。

土壤有机质是土壤肥力的核心组成部分，它含有丰富的氮、磷、钾等营养元素和有机物质。有机质的存在不仅可以提高土壤的保水保肥能力，还可以促进土壤微生物的繁殖和活动，进一步加速有机质的分解和养分的释放。因此，提高土壤有机质含量是提升土壤肥力和植物营养水平的关键措施之一。

## （三）土壤 pH 值与植物营养的关系

土壤 pH 值是土壤酸碱性的重要指标，它直接影响土壤中营养元素的溶解度和有效性。土壤 pH 值的变化会改变土壤中养分的形态和价态，从而影响植物对养分的吸收和利用。

在酸性土壤中，一些营养元素如磷、钙、镁等容易被固定，并形成难溶性化合物，从而降低其有效性。在碱性土壤中，一些营养元素如铁、锰、锌等则容易形成沉淀物，同样会降低其有效性。因此，通过调节土壤 pH 值，我们可以提高土壤中养分的有效性，促进植物对养分的吸收和利用。

## （四）土壤微生物与植物营养的关系

土壤微生物是土壤生态系统中的重要组成部分，它们参与了土壤有机质的分解、养分转化和生物固氮等过程，对植物的营养水平具有重要影响。

一方面，土壤微生物可以通过分解有机质和转化无机养分，为植物提供可直接吸收利用的营养元素。例如，一些固氮微生物可以将空气中的氮气转化为植物可吸收的氨态氮，为植物提供氮源。另一方面，土壤微生物可以与植物根系形成共生关系，如豆科植物与根瘤菌的共生关系，通过发挥自身的固氮作用为植物提供氮素营养。

此外，土壤微生物还可以通过与植物根系的相互作用，促进植物根系的生长和发育，扩大根系的吸收面积，提高其吸收效率，从而增强植物对养分的吸收和利用能力。因此，保护和利用土壤微生物资源，对于提高植物的人营养水平和促进农业生产具有重要意义。

# 三、土壤改良与植物营养管理

## （一）土壤改良的必要性

土壤改良是农业生产中不可或缺的一环，它旨在改善土壤的物理、化学和生物性质，以满足植物生长的需求，提高作物的产量和品质。土壤改良的必要性在于，随着长时间的耕作和过度利用，土壤往往会出现各种问题，如肥力下降、结构破坏、盐碱化等，这些问题会严重影响植物的生长和产量。

土壤改良可以通过增加土壤有机质、改善土壤结构、调节土壤酸碱度、补充土壤养分等措施来实现。这些措施不仅可以提高土壤的肥力和生产力，还可以改善土壤环境，增强土壤生态系统的稳定性和抗逆性。因此，土壤改良是保障农业可持续发展的重要基础。

## （二）土壤改良的技术与方法

土壤改良的技术与方法多种多样，其中包括物理改良、化学改良和生物改良等。物理改良主要是通过改变土壤的物理性质来改善土壤环境，如深翻、耕作、覆盖等。这些方法可以增强土壤的通气性和透水性，改善土壤结构，有利于植物根系的生长和发育。

化学改良是通过添加化学物质调节土壤的化学性质，如施用石灰、石膏等调节土壤酸碱度，施用化肥补充土壤养分等。这些方法可以快速有效地改善土壤的化学环境，为植物提供充足的营养。

生物改良则是利用生物资源改善土壤环境，如接种微生物、种植绿肥等。这些方法可以增加土壤中微生物的数量和种类，提高土壤的生物活性，促进有机质的分解和养分的转化，从而提高土壤肥力和改善生态环境。

## （三）植物营养管理的原则与策略

植物营养管理是指根据植物的生长需求和土壤供肥能力合理施用肥料，以满足植物对养分的需求，实现高产优质的目标。植物营养管理的原则包括平衡施肥、科学施肥、适时施肥等。

平衡施肥是指在施肥时要考虑各种养分的平衡供应，避免某些养分的过量或不足。科学施肥是指根据土壤测试结果和作物生长需求，制定合理的施肥方案，确保肥料的科学合理使用。适时施肥是指在作物生长的关键时期，及时施用适量的肥料，以满足作物对养分的需求。

此外，在植物营养管理中，还需要注意肥料的种类和施用方法的选择。不同的作物对养分的需求不同，因此，需要根据作物特点选择合适的肥料种类。同时，肥料的施用方法也会影响肥效的发挥，需要根据土壤和作物特点选择合适的施用方法。

## （四）土壤改良与植物营养管理的协同作用

土壤改良与植物营养管理是相互关联、相互促进的两个过程。土壤改良可以改善土壤环境，提高土壤肥力和生产力，为植物的生长提供良好的基础。植物营养管理则可以满足植物对养分的需求，促进植物的健康生长和优质高产。

在实际的农业生产中，需要将土壤改良与植物营养管理相结合，实现二者的协同作用一是通过改善土壤环境，提高土壤肥力和生产力，为植物提供充足的营养；二是通过科学施肥、平衡施肥等措施，满足植物对养分的需求，促进植物的健康生长和优质高产。这种协同作用不仅可以提高农业生产的效益和可持续性，还可以促进生态环境的保护和改善。

## （五）土壤改良与植物营养管理的实践应用

在农业生产的实践中，土壤改良与植物营养管理并非孤立存在的，而是紧密相连、相互渗透的。以下是两者在实践应用中的一些具体体现。

1. 土壤测试与营养诊断：通过对土壤进行定期测试，了解土壤的养分含量、酸碱度、有机质含量等关键指标，为后续的土壤改良和植物营养管理提供科学依据。同时，对植物进行营养诊断，了解其养分吸收状况和营养需求，为施肥提供指导。

2. 科学施肥与养分管理：根据土壤测试和植物营养诊断的结果，制定科学的施肥方案，确保肥料的种类、数量和施用时间都与作物的生长需求相匹配。同时，注意平衡施肥，避免养分的过量或不足。

3. 土壤改良技术的综合运用：在农业生产中，综合运用物理改良、化学改良和生物改良等多种技术，改变土壤的物理、化学和生物性质。例如，通过深翻、耕作等物理改良措施，改善土壤结构；通过施用石灰、石膏等化学改良剂，调节土壤酸碱度；通过接种微生物、种植绿肥等生物改良措施，提高土壤的生物活性。

4. 水肥一体化技术：将水分管理和肥料管理相结合，实现水肥一体化。通过滴灌、喷灌等节水灌溉技术，将肥料与水一起输送到植物根系附近，提高肥料的利用率和植物的养分吸收效率。

5. 植物生长调控技术：利用植物生长调控技术，如修剪、整形等，调整植物的形态和生长速度，控制其对养分的需求。这不仅可以减少肥料的投入，还可以提高作物的产量和品质。

### （六）土壤改良与植物营养管理的环境效益

土壤改良与植物营养管理的实践应用，不仅可以提高农业生产的效益和可持续性，还可以带来显著的环境效益。具体表现在以下几个方面。

1. 减少化肥的使用量：科学施肥和平衡施肥可以确保肥料的合理利用，避免化肥的过量使用，以及农业生产对环境的污染。

2. 提高土壤肥力：土壤改良措施可以改善土壤的物理、化学和生物性质，提高土壤的肥力和生产力，为作物的生长提供更好的土壤环境。

3. 促进生态环境的保护：土壤改良和植物营养管理的实践应用可以促进生态环境的保护和改善，提高生态系统的稳定性和抗逆性。

综上所述，土壤改良与植物营养管理在农业生产中具有重要法的地位和作用。科学的土壤改良和植物营养管理，可以提高农业生产的效益和可持续性，促进生态环境的保护和改善。

# 第五节　园林植物的选择原则

## 一、植物选择的基本原则

在农业、园林、景观设计等领域，植物的选择是至关重要的一步。正确的植物选择不仅能确保项目的成功，还能促进生态系统的健康与平衡。以下是进行选择植物时应当遵循的基本原则：

### （一）适应性原则

适应性原则是植物选择的首要原则。它要求所选植物必须适应当地的气候、土壤、水分等自然环境条件。例如，在干旱地区应选择耐旱性强的植物，在湿润地区则应选择喜湿植物。同时，还应考虑植物对光照、温度、湿度等具体环境因素的适应性。适应性强的植物能够更好地生长和繁衍，从而降低维护成本，提高项目的生态效益和经济效益。

在适应性原则的指导下，我们需要对当地的自然环境条件进行深入的了解和分析，确保所选植物与当地环境相协调。此外，还应考虑植物的抗逆性，如抗病虫害、抗污染等能力，以应对可能的环境压力。

## （二）生态性原则

生态性原则强调植物选择应有利于维护生态平衡和生物多样性。在选择植物时，应优先考虑乡土植物和适应当地环境的自然植被。这些植物不仅具有良好的适应性，还能与当地生态系统形成稳定的生物群落，促进生态循环和能量流动。

生态性原则还要求我们在配置植物时注重植物的生态位和种间关系。合理配置不同生态位的植物，可以避免种间竞争，提高生态系统的稳定性和多样性。此外，还应考虑植物的生态功能，如固碳释氧、净化空气、涵养水源等，以充分发挥植物在生态系统中的作用。

## （三）美观性原则

美观性原则是植物选择的重要原则之一。它要求所选植物具有良好的观赏价值，能够美化环境、愉悦心情。在选择植物时，应考虑植物的形态、色彩、季相变化等因素，以及与其他景观元素的协调搭配。

在美观性原则的指导下，我们需要了解不同植物的美学特征和应用价值，根据项目的需求和风格进行植物配置。同时，应注重植物的养护管理，保证植物的健康生长和良好观赏效果。合理的植物选择和配置，可以营造具有地方特色的美丽景观，提高人们的生活品质。

## （四）经济性原则

经济性原则也是植物选择的重要原则之一。它要求所选植物具有较高的性价比，即在满足其他原则的前提下，尽可能地降低植物的采购、养护和管理成本。在选择植物时，应优先考虑价格适中、养护管理简便的植物品种。

在经济性原则的指导下，我们需要对植物的市场价格和养护管理成本进行充分的了解与分析，以便在选择和配置植物时作出合理的决策。同时，还应注重植物的长期效益和可持续性，避免盲目追求短期效果而忽略长期成本。合理的植物选择和配置，可以降低项目的投资成本，提高项目的经济效益和社会效益。

## 二、根据环境条件选择植物

在选择与种植植物的过程中，环境条件是决定性因素之一。从气候、土壤、水分到光照，每个因素都对植物的生长与繁衍产生着直接或间接的影响。以下将从气候、土壤、水分和光照四个方面，详细分析如何根据环境条件选择植物：

### （一）气候条件

气候条件是影响植物选择的关键因素之一。不同地区的气候特点差异显著，包括温度、降水、湿度、风速等。在选择植物时，应首先根据当地的气候条件确定适合的植物种类。

对于寒冷地区，应选择耐寒性强的植物，如松树、柏树等常绿树种，以及梅花、丁香等抗寒花卉。在热带地区，应选择耐高温、喜湿润的植物，如棕榈树、橡胶树等。此外，还应考虑植物的抗风、抗霜等能力，以确保植物能在恶劣气候条件下生存。

在气候条件的选择上，除了直接考虑植物对气候的适应性外，还应考虑植物对极端气候的抵抗能力。例如，在干旱地区，除了选择耐旱植物外，还应考虑植物的抗旱能力和保水能力，以确保植物在干旱季节能够正常生长。

### （二）土壤条件

土壤是植物生长的基础，其性质对植物的生长有着至关重要的影响。在选择植物时，应根据土壤的类型、酸碱度、肥力等因素进行综合考虑。

对于酸性土壤，应选择喜酸植物，如杜鹃花、栀子花等。对于碱性土壤，则应选择耐碱植物，如沙枣、枸杞等。此外，还应考虑土壤的肥力和水分状况，选择适合在贫瘠或肥沃土壤中生长的植物。

在土壤条件的选择上，除了考虑植物对土壤的适应性外，还应考虑如何通过植物种植以改善土壤条件。例如，在贫瘠的土壤中种植具有固氮、解磷、解钾能力的植物，可以提高土壤的肥力；在盐碱地上种植耐盐碱的植物，可以逐渐减少土壤中的盐分含量。

## （三）水分条件

水分是植物生长的重要因素之一。在选择植物时，应根据当地的水分条件确定适合的植物种类。

在湿润地区，应选择喜湿植物，如水稻、莲藕等水生植物，以及柳树、杨树等喜湿树种。在干旱地区，则应选择耐旱植物，如仙人掌、胡杨等。此外，还应考虑植物的耐旱性和抗涝性，以确保植物在干旱或洪涝季节能够正常生长。

在水分条件的选择上，除了考虑植物对水分的适应性外，还应考虑如何通过植物种植合理利用和调节水分。例如，在干旱地区，种植耐旱植物可以减少水分的消耗，在湿润地区，种植喜湿植物可以充分利用水资源。

## （四）光照条件

光照是植物进行光合作用的必要条件，对植物的生长和发育具有重要影响。在选择植物时，应根据当地的光照条件确定适合的植物种类。

在阳光充足的地方，应选择喜阳植物，如向日葵、太阳花等。在光照不足的地方，则应选择耐阴植物，如蕨类植物、兰花等。此外，还应考虑植物的光照适应性，以确保植物在不同光照条件下能够正常生长。

在光照条件的选择上，除了考虑植物对光照的适应性外，还应考虑如何通过植物种植合理利用和调节光照。例如，在建筑物周围种植耐阴植物可以美化环境，并减少光照对建筑的直射，在空旷地带种植喜阳植物可以充分利用太阳能，并提高光合作用的效率。

## 三、根据园林功能选择植物

在园林设计中，植物的选择不仅仅关乎其生长习性和环境条件，更与园林的整体功能和氛围营造密切相关。以下将从四个方面详细分析如何根据园林的功能选择植物：

## （一）绿化美化功能

绿化美化是园林的基本功能之一，植物作为园林的主要构成元素，其种类择直接决定了园林的视觉效果和整体美感。

首先，应选择具有观赏价值的植物，如色彩鲜艳的花卉、形态独特的树木和草坪等，以营造美丽的园林景观。其次，应考虑植物的季相变化，选择不同季节开花或变色的植物，使园林在不同时间呈现不同的风貌。最后，植物的高低、疏密、层次搭配至关重要，应通过合理的植物配置，形成富有韵律和动感的园林空间。

在绿化美化功能的实现上，还需考虑植物与园林中其他元素的协调搭配。例如，植物与建筑、水体、山石等元素的相互映衬，可以形成更加和谐统一的园林景观。同时，应考虑植物的地域性和文化特色，选择与当地环境相协调、具有地方特色的植物品种，以展现园林的独特魅力。

## （二）生态功能

园林植物不仅具有美化功能，还承担着重要的生态功能。在选择植物时，应充分考虑其生态价值。

首先，选择具有固碳释氧、净化空气、降低噪声等功能的植物，如绿篱、灌木丛等，以提高园林的生态效益。其次，选择适应性强的乡土树种和生态型植物，以促进生物多样性的发展。最后，利用植物进行雨水的收集和循环利用，减轻城市排水压力。

在生态功能的现实上，还需考虑植物对当地生态系统的贡献。例如，在湿地园林中种植湿地植物，可以保护湿地的生态系统并促进水资源的可持续利用。在防风固沙园林中种植耐旱耐盐碱的植物，可以防止土地沙化和水土流失。

## （三）文化功能

园林不仅仅是自然景观的展示，更是文化艺术的载体。在选择植物时，应充分考虑其文化价值。

首先，选择具有象征意义和文化内涵的植物品种，如梅花、竹子等，以表达园林的主题和意境。其次，考虑植物在历史文化中的地位和作用，如古树名木、珍稀植物等，以增加园林的历史底蕴和文化内涵。最后，通过植物造景展现地方特色和民族风情，如利用当地特色植物打造具有地域特色的园林景观。

在文化功能的实现上，还需注重植物与园林设计的融合。植物与建筑、雕塑、小品等元素的相互呼应和衬托，可以营造更加具有文化气息和艺术感染力的园林空间。

### （四）经济功能

园林植物还具有一定的经济价值，如药用、食用、材用等价值。在选择植物时，应充分考虑其经济价值。

首先，选择具有经济价值的植物品种，如药用植物、果树等，以增加园林的经济收益。其次，通过植物种植和养护管理带动相关产业发展，如苗木生产、园艺施工等。最后，利用植物开展生态旅游和休闲观光活动，提高园林的综合效益。

在经济功能的实现上，需注重植物的长期效益和可持续发展。避免盲目追求短期经济利益而破坏园林的生态环境和文化内涵。同时，通过科学规划和合理管理，实现园林植物的经济价值和生态效益的协调发展。

# 第二章　园林植物的种植技术

## 第一节　种植前的准备工作

### 一、植物材料的准备

在园林植物的种植过程中，植物材料的准备是非常重要的一环。植物材料的质量直接影响园林植物的成活率、生长状况以及后期的景观效果。因此，在进行植物材料准备时，需要从多个方面进行细致的考虑和操作。

#### （一）植物材料的选择

植物材料的选择是植物准备工作的首要步骤。在选择植物时，应充分考虑其生长习性、观赏价值及适应性。首先，要选择适应当地气候、土壤等环境条件的植物，确保植物能够在种植后健康生长。其次，应选择具有观赏价值的植物，以满足园林的景观需求。最后，要考虑植物的季相变化，使园林在不同季节都呈现美丽的风貌。

在植物材料的选择上，还需要注意植物的健康状况。应选择无病虫害、健壮的苗木，以提高成活率。对于有特殊要求的植物来说，如珍稀树种、古树名木等，还需要进行专门的鉴定和评估，以确保其质量和价值。

#### （二）植物材料的采购与运输

植物材料的采购与运输是植物准备工作的重要环节。在采购植物时，应选择信誉良好、质量可靠的供应商，确保植物材料的品种、规格和数量符合设计要求。同时，要与供应商协商好价格、交货时间等细节问题，以确保采购工作的顺利进行。

在运输过程中，应采取适当的保护措施，以减少植物材料的损伤和水分流失。对于大型树木，应使用专业的吊装设备进行装卸，避免对树木造成机械性损伤。同时，要合理安排运输路线和时间，确保植物材料能够及时到达种植现场。

### （三）植物材料的处理与养护

在植物材料到达种植现场后，需要进行一系列的处理和养护工作。首先，应对植物材料进行修剪和整形，去除病虫害、枯枝败叶等不良影响成分，保持植物的美观和健康。其次，对于需要移植的大型树木，应进行适当的断根处理，以促进其成活和生长。

在养护方面，应根据植物的生长习性和环境条件，采取适当的养护措施。例如，对于喜湿植物，应定期浇水并保持土壤湿润；对于喜光植物，应提供充足的光照条件；对于需要施肥的植物，应根据其生长状况和养分需求进行施肥等。细致的养护工作可以确保植物材料在种植前处于最佳状态。

### （四）植物材料的存储与保管

在植物材料准备过程中，还需要考虑其存储与保管问题。对于暂时无法种植的植物材料，应选择合适的存储地点和方式，避免其受到不良环境因素的影响。例如，对于苗木类植物材料，可以选择通风良好、遮阴避雨的地方进行存放；对于球根类植物材料，可以将其埋藏在湿润的沙土中进行保存。

在存储和保管过程中，还需要定期检查植物材料的状况，及时发现并处理病虫害等问题。同时，要做好防火、防盗等安全措施，确保植物材料的安全和完好。科学的存储和保管措施可以延长植物材料的寿命，提高保存质量，为园林植物的种植提供有力保障。

## 二、种植工具与设备的准备

在园林植物的种植过程中，种植工具与设备的准备是确保种植工作顺利进行的基础。这些工具与设备不仅能帮助我们高效地完成种植任务，还能提高种植质量，保护植物材料。以下从四个方面对种植工具与设备的准备进行详细分析。

## （一）基本工具的准备

基本工具是园林植物种植必不可少的装备，其中包括铲子、锄头、剪刀、锯子、手套等。铲子用于挖掘土壤；锄头用于平整土地和挖坑；剪刀和锯子用于修剪植物枝条和根系；手套则用于保护手部皮肤，防止双手在操作过程中受伤。

在选择基本工具时，需要考虑其材质、尺寸和重量。例如，铲子应选择轻便且锋利的材质，以便更好地挖掘土壤；锄头需要根据土壤的硬度选择适当的尺寸和重量，以便轻松地平整土地。此外，这些工具还需要保持清洁和锋利，以提高工作效率和安全性。

## （二）专业设备的准备

除基本工具外，园林植物种植还需要一些专业设备，如吊车、挖掘机、灌溉设备等。吊车用于吊装大型树木和植物材料，挖掘机则用于挖掘大面积的土地和土方工程。灌溉设备则包括喷灌系统、滴灌系统、水管等，用于为植物提供充足的水分。

在选择专业设备时，需要考虑其适用性、效率和安全性。例如，吊车需要根据植物材料的重量和尺寸选择适当的吨位与臂长；挖掘机则需要根据土壤的类型和挖掘深度选择适当的型号与功率。同时，这些设备需要经过专业人员的操作和维护，以确保其正常运行和安全性。

## （三）工具和设备的检查与维护

在准备工具和设备时，检查与维护是非常重要的一环。首先，需要对所有工具和设备进行彻底的检查，确保它们没有损坏或发生故障。对于损坏的工具和设备，需要及时更换或修理。其次，需要对工具和设备进行定期的维护，如清洁、润滑、紧固等，以延长其使用寿命和提高工作效率。

在检查和维护过程中，还需要注意一些细节问题。例如，确保工具的刃口锋利、无锈蚀；设备的电源、电线等部分需要保持完好、无破损；灌溉设备需要定期清洗、消毒，防止细菌滋生。细致的检查与维护工作，可以确保工具和设备在种植过程中始终保持良好的状态。

### （四）安全措施的落实

在准备工具和设备时，还需要重视安全措施的落实。首先，需要为工作人员配备必要的安全防护用品，如安全帽、防护眼镜、防护服等。其次，需要对工具和设备进行安全检查，确保没有安全隐患。例如，检查设备的电源是否接地良好、电线是否裸露等。

在种植过程中，需要严格遵守安全操作规程，如正确使用工具和设备、避免超负荷工作等。对于需要高空作业或操作危险设备的情况，还需要制定详细的安全方案，并进行严格的安全监管。通过落实这些安全措施，我们可以确保园林植物种植工作的顺利进行，并保障工作人员的人身安全。

# 第二节　植物的种植方法

## 一、裸根苗的种植方法

裸根苗种植是园林植物种植中一种常见且重要的技术，它涉及从植物的选择、准备、种植到后期管理的整个过程。以下从四个方面对裸根苗的种植方法进行详细分析：

### （一）植物的选择与准备

1.选择合适的植物：裸根苗的种植从选择合适的植物开始。这需要考虑植物的生长特性、适应性、观赏价值以及园林的整体设计风格。通常，我们会选择根系发达、生长健壮、无病虫害的苗木进行种植。

2.植物材料的准备：在选择好植物后，需要对植物材料进行适当的处理。其中包括修剪根系、去除多余的枝叶等，以减少水分蒸发和养分消耗，提高成活率。同时，对于一些需要长途运输的苗木，还需要采取适当的包装和保护措施，防止它们在运输过程中受到损伤。

### （二）种植前的准备工作

1.挑选场地：种植裸根苗需要选择阳光充足、排水良好、土壤肥沃的场地。同时，要避免选择有积水或土壤贫瘠的地方。在选择好场地后，需要进行适当的平整和清理工作，去除杂草、石块等障碍物。

2.挖掘栽植坑：根据植物的大小和根系情况，挖掘大小和深度适当的栽植坑。一般来说，栽植坑应比植物根系稍大一些，以便根系顺利展开。同时，要确保栽植坑的底部平整，避免根系在坑内悬空或弯曲。

## （三）裸根苗的种植技术

1.浸水法：将裸根苗的根系入水浸泡数小时，使其充分吸水。这有助于根系在种植后更快地恢复生长，提高成活率。

2.浸泥法：将根系浸入泥浆，使其均匀地附着泥土。这种方法可以增强根系的保水性和稳定性，有利于植物的生长。

3.栽植过程：先将处理好的裸根苗放入栽植坑，确保根系能够顺利展开并埋入土壤中。其次用手或工具轻轻压实土壤，使根系与土壤紧密接触。最后浇透水，使土壤充分湿润。

## （四）后期管理与养护

1.浇水与施肥：在种植后的初期，定期浇水以保持土壤湿润。随着植物的生长，可以逐渐减少浇水的次数。同时，根据植物的生长状况和养分需求，适时施肥以促进植物的生长和开花。

2.病虫害防治：定期检查植物的健康状况，发现病虫害及时采取措施进行防治。这包括使用生物农药、化学农药等方法进行防治，以及通过修剪、清除病枝等方式减少病虫害的滋生。

3.修剪与整形：根据植物的生长习性和园林的设计要求，定期对植物进行修剪和整形。这不仅可以保持植物的美观和形态，还可以促进植物的生长和开花。

4.养护与管理：在种植植物后，需要对其进行长期持续的养护和管理。这包括除草、松土、换土等工作，以保持土壤的肥力和透气性。同时，注意保持适当的光照和温度条件，以促进植物的健康生长。

综上所述，裸根苗的种植方法涉及多个方面，包括植物的选择与准备、种植前的准备工作、裸根苗的种植技术以及后期的管理与养护等。只有全面掌握这些技术要点并认真执行每个步骤，我们才能确保裸根苗种植的成功并达到预期的效果。

## 二、容器苗的种植方法

容器苗种植方法在现代园林植物种植中占据着重要地位，它因能够为植物提供良好的生长环境和便捷的移植方式而得到了广泛应用。以下从四个方面对容器苗的种植方法进行详细分析：

### （一）容器苗的选择与准备

1. 容器苗的选择：在选择容器苗时，应首先考虑植物的生长习性和需求，确保所选植物与容器的大小、材质相匹配。同时，应注意观察植物的生长状况，选择根系发达、叶片茂盛、无病虫害的容器苗。

2. 容器的准备：容器是容器苗种植的关键，应选择适合植物生长的容器，如塑料盆、陶瓷盆等。容器应具有良好的透气性和排水性，以保证植物根部的健康生长。在种植前，应对容器进行清洗和消毒，以避免病虫害的传播。

### （二）种植前的准备工作

1. 土壤准备：容器苗的土壤是植物生长的基础，应选择肥沃、排水良好的土壤。在种植前，应对土壤进行充分的混合和搅拌，确保土壤中的营养物质均匀分布。对于需要特殊养分的植物，还应在土壤中添加适量的肥料。

2. 场地选择：容器苗的种植场地应选择阳光充足、通风良好、排水便利的地方。避免选择低洼潮湿或易受污染的地方，以保证植物的健康生长。

### （三）容器苗的种植技术

1. 移植技术：在移植容器苗时，应首先将植物从原容器中取出，修剪过长的根系和枝条。其次，将植物放入新的容器中，填入适量的土壤，轻轻压实并浇透水。在移植过程中，应注意保护植物的根系，避免其过度损伤。

2. 浇水与施肥：容器苗的浇水与施肥应根据植物的生长需求和土壤状况进行。浇水时应保持土壤湿润但不过湿，避免积水导致植物根系腐烂。施肥时应根据植物的生长阶段和养分需求进行，避免过量施肥导致植物徒长或烧根。

3.病虫害防治：容器苗的病虫害防治是种植过程中的重要环节。应定期检查植物的健康状况，发现病虫害及时采取措施进行防治。这包括使用生物农药、化学农药等方法进行防治，以及通过修剪、清除病枝等方式减少病虫害的滋生。

### （四）后期管理与养护

1.环境控制：容器苗的后期管理与养护主要为环境控制。应根据植物的生长习性和需求，调节光照、温度、湿度等环境因素，为植物提供适宜的生长环境。例如，对于喜光植物应提供充足的光照，对于喜阴植物应避免强烈阳光直射。

2.修剪与整形：容器苗的修剪与整形是保持植物的美观和形态的重要手段。应根据植物的生长习性和园林的设计要求，定期对植物进行修剪和整形。通过修剪去除多余的枝叶和病枝，促进植物的生长和开花；通过整形塑造植物的形态和姿态，提高其观赏价值。

3.容器与土壤更换：随着植物的生长和发育，容器和土壤中的养分会逐渐消耗殆尽。为了植物的健康生长，需要定期更换容器与土壤。在更换过程中，应注意保护植物的根系，避免其过度损伤。同时，应选择适合植物生长的容器和土壤进行更换。

4.病虫害防治的持续监测：病虫害防治是容器苗种植过程中一个需要长期关注的问题。在后期的管理与养护过程中，应持续监测植物的健康状况，发现病虫害及时采取措施进行防治。同时，通过改善植物生长环境、提高植物免疫力等方式减少病虫害的产生。

综上所述，容器苗的种植方法涉及多个方面，包括容器苗的选择与准备、种植前的准备工作、种植技术以及后期的管理与养护等。只有全面掌握这些技术要点并认真执行每个步骤，我们才能确保容器苗种植的成功并产生预期的观赏效果。

## 三、大树移植技术

大树移植技术是园林建设中一项复杂而重要的工作，它涉及树木的选择、移植前的准备、移植操作过程以及移植后的管理与养护等方面。以下从四个方面对大树移植技术进行详细分析：

## （一）树木的选择

在大树移植的初始阶段，树木的选择是至关重要的一步。首先，需要根据园林设计的需要，选择适合的树种。树种的选择应考虑到其适应性、生长速度、观赏价值及其与周围环境的协调性。其次，需要仔细挑选健康的树木，观察其树干、树冠、根系等部分，确保没有病虫害和机械损伤。最后，需要考虑树木的年龄和大小，选择适合移植的树木。一般来说，树龄适中、生长健壮的树木更易于移植成活。

## （二）移植前的准备

移植前的准备工作对于大树移植的成功至关重要。首先，需要对移植地点进行勘察，了解土壤质地、排水情况、地下管线等情况，确保移植地点适合树木的生长。其次，需要对移植树木进行修剪，去除过密的枝条和病弱枝条，以减少移植过程中的水分蒸发和养分消耗。同时，要对树木的根系进行处理，如切断过长的根系、修剪受损的根系等，以促进移植后根系的恢复和生长。最后，需要准备好移植所需的工具和设备，如吊车、挖掘机、绳索等，并确保这些工具和设备的安全性与可靠性。

## （三）移植的操作过程

大树移植的操作过程是整个移植技术的核心。首先，需要根据树木的大小和重量，选择合适的移植方式，如带土球移植、裸根移植等。在挖掘树木时，要确保挖掘的深度和宽度适当，避免损伤根系和树干。其次，要采取措施保护树皮和枝干，防止其在移植过程中受到损伤。在起吊和运输树木时，要注意保持平衡和稳定，避免树木在移动过程中发生倾斜或翻滚。在将树林移植到新的地点后要先仔细调整树木的位置和姿态，使其与周围环境相协调，需要用土壤填实树木的周围，确保树木的稳定性和安全性。最后，需要浇透水，使土壤与树木的根系紧密接触，促进树木的生长。

## （四）移植后的管理与养护

移植后的管理与养护是确保大树移植成功的重要环节。首先，要定期检查树木的生长状况，发现病虫后要害及时采取措施进行防治。同时，要注意保持土壤湿润但不过湿，避免积水导致树木根系腐烂。在施肥方面，要根据树木的生长需求和土壤状况进行适量施肥，以促进树木的生长和开花。其次，要注意对树木修剪和整形，保持其美观和形态。在移植初期，要特别关注树木的成活情况，采取必要的措施，如搭建遮阳网、设置支撑架等，以减少外界环境对树木的影响。最后，要加强巡查和监测，以及时发现并处理移植过程中出现的问题。

总之，大树移植技术是一项复杂而重要的工作，需要综合考虑多个方面的因素。通过合理选择树木、充分准备、规范操作以及加强管理与养护等措施，我们可以确保大树移植的成功并达到预期的效果。同时，在实际操作中，还需要不断总结经验教训和创新方法手段，以提高大树移植技术的水平和效果。

# 第三节　植物的移植与养护

## 一、移植前的准备

植物的移植是园林建设中常见且重要的环节，它涉及植物的成活率、生长状况以及整个园林的景观效果。在移植前进行充分的准备工作，能够大大提高移植的成功率。以下从四个方面对移植前的准备进行详细分析：

### （一）植物的选择与评估

在移植前，首先需要对植物进行选择与评估。这包括根据园林设计的需要，选择适合的树种、花卉或草坪。在选择过程中，要充分考虑植物的适应性、生长速度、观赏价值等因素。同时，要对植物的生长状况进行评估，包括观察其叶片、枝干、根系等部分，确保其健康无病虫害。对于生长不良或存在病虫害的植物，应先进行治理和恢复，再进行移植。

在选择与评估过程中，还需要注意植物与周围环境的协调性。植物的选择应与园林的整体风格、色彩搭配及功能需求相匹配。同时，要考虑植物的生长习性及其对环境的要求，确保其移植后能够健康生长。

## （二）移植地点勘察

在移植前，需要对移植地点进行详细的勘察。这包括了解土壤质地、排水情况、地下管线等基本情况。土壤质地对植物的生长有着重要影响，需要确保移植地点的土壤适合所选植物的生长。排水情况也是需要考虑的因素，以免积水导致植物根系腐烂。同时，要了解地下管线的分布情况，避免在挖掘过程中损坏管线。

在勘察过程中，需要考虑移植地点的光照、温度、湿度等环境因素。这些因素对植物的生长和成活都有着重要影响。还需要确保移植地点的环境条件与所选植物的生长需求相匹配。

## （三）移植工具与设备的准备

在移植前，需要准备好相关工具和设备，包括挖掘工具、吊装设备、运输车辆等。挖掘工具的选择应根据植物的大小和根系情况进行确定，确保其能够完整地挖出植物并保护根系。吊装设备应足够稳定和安全，能够平稳地将植物吊起并运输到目的地。应确保运输车辆能够承载所选植物的重量，并避免运输过程对植物造成损伤。

此外，需要准备一些辅助工具和设备，如剪刀、绳索、支撑架等。这些工具和设备在移植过程中会起到重要作用，如修剪植物、固定植物等。

## （四）移植计划的制订

在移植前，需要制订详细的移植计划。这包括确定移植时间、移植顺序、移植方式等。移植时间的选择应根据植物的生长习性和气候条件进行确定，避免在极端天气或植物休眠期进行移植。移植顺序应根据植物的大小和数量确定，先移植较小的植物，再移植较大的植物。移植方式的选择应根据植物的类型和生长状况确定，如带土球移植、裸根移植等。

在制订移植计划时，还需要考虑移植后的管理与养护工作。这包括浇水、施肥、修剪等养护措施以及病虫害的防治工作。在移植后要及时进行管理与养护，促进植物的生长和成活。

总之，移植前的准备工作是确保植物移植成功的关键。通过合理选择植物、勘察移植地点、准备工具和设备以及制订详细的移植计划等措施，我们可以大大提高植物的移植成活率并保障其健康生长。

## 二、移植方法与技术

植物的移植方法与技术是确保植物成功移植并健康生长的关键环节。以下从四个方面对移植方法与技术进行详细分析：

### （一）移植时间的选择

移植时间的选择对植物的成活率和生长状态有直接影响。在选择移植时间时，需要考虑植物的生长习性、休眠期和气候条件等因素。一般而言，春季和秋季是植物移植的最佳时间，因为这两个季节气温适宜，有利于植物根系的生长和恢复。

对于常绿植物，春季移植更为适宜，因为此时植物处于生长旺盛期，在移植后能够迅速恢复生长。对于落叶植物，秋季移植则更为合适，因为此时植物进入休眠期，在移植后能够减少蒸腾作用和水分散失，有利于根系的恢复。

在选择移植时间时，还需要避开极端天气和高温季节。极端天气如暴雨、大风等会对植物造成损伤，高温季节则会导致植物的蒸腾作用加强、水分散失过快，不利于根系的恢复。

### （二）移植前的修剪与准备

在移植前，对植物进行适当的修剪与准备是必要的。修剪能够减少植物的蒸腾作用和水分散失，有利于根系的恢复。在修剪时，应根据植物的生长习性和观赏需求，去除病弱枝、过密枝和过长枝等，保持植物形态的美观和通风透光。

除了修剪外，还需要对植物进行必要的准备。这包括清除植物根部的土壤和石块等杂物，修剪过长的根系，以及涂抹生根粉等能促进根系生长的物质。这些措施能够减少移植过程对植物根系的损伤，提高移植成活率。

### （三）移植方式与技术

移植方式的选择应根据植物的类型和生长状况确定。常见的移植方式包括带土球移植和裸根移植。

带土球移植适用于大型乔木和灌木等植物。在移植时，需要保留植物根部的土壤和根系，形成一个完整的土球。这样能够在一定程度上保护植物的根系，减少移植过程中的损伤。在挖掘土球时，应注意保持土球的完整性和湿润度，避免土球破裂或干燥。

裸根移植适用于小型花卉和草本植物等植物。在移植时，需要将植物的根系全部挖出，并去除多余的土壤和杂物。在移植前，需要对植物的根系进行适当的修剪和处理，去除受损和过长的根系。在移植时，应注意保持根系的湿润度和避免过度挤压，以免影响根系的生长和恢复。

### （四）移植后的管理与养护

移植后的管理与养护是确保植物健康生长的关键。在移植后，应立即对植物进行浇水，确保土壤湿润并排出积水。在浇水时，应注意控制水量和频率，避免过度浇水导致根系腐烂。

除浇水外，还需要对植物施肥、修剪和病虫害防治等养护措施。首先，应根据植物的生长需求和土壤状况进行适量施肥，以促进植物的生长和开花。其次，应根据植物的生长习性和观赏需求进行定期修剪，保持植物形态的美观和通风透光。最后，应定期巡查植物的生长状况，发现病虫害后应及时采取措施进行防治。

此外，在移植后的一段时间内，还需要对植物进行特殊的管理与养护。如搭建遮阳网、支撑架等设施，以减少外界环境对植物的影响，促进植物的生长和成活。

总之，移植方法与技术是确保植物成功移植并健康生长的关键。通过选择合适的移植时间、进行必要的修剪和准备、采用适当的移植方法与技术，以及加强移植后的管理与养护等措施，我们可以大大提高植物的移植成活率并保障其健康生长。

## 三、移植后的养护管理

移植后的养护管理是确保植物成功适应新环境、恢复生长并长期保持健康状态的关键环节。以下从四个方面对移植后的养护管理进行详细分析。

## （一）水分管理

水分是植物生长的基础，移植后的植物根系受损，吸水能力减弱，因此，水分管理显得尤为重要。首先，在移植后的初期，应加快浇水的频率，确保土壤保持湿润状态，以促进新根的萌发和生长。当然，也要避免过度浇水，以免根系缺氧和腐烂。在浇水时，应注意观察土壤的湿度和植物的叶片状态，以判断是否需要浇水。

随着植物的生长和根系的恢复，浇水的频率应逐渐降低，但每次浇水的量应适当增加，以确保植物的水分需求得到满足。此外，在干旱季节或高温天气下，应增加浇水的次数和量，以防止植物因缺水而枯萎。

## （二）养分供给

移植后的植物需要充足的养分生长和恢复。因此，在移植后的一段时间内，应适当施肥以提供必要的养分。在施肥时，应根据植物的生长习性和土壤状况选择合适的肥料种类与施肥量。对于喜肥植物，可以使用富含氮、磷、钾等元素的复合肥；对于贫瘠土壤，则应使用有机肥或土壤改良剂改善土壤结构，提高肥力。

在施肥时，应注意避免肥料直接接触植物的根系或叶片，以免造成烧伤。同时，要控制施肥的量和频率，避免过量施肥导致土壤盐碱化或植物营养过剩。

## （三）病虫害防治

移植后的植物由于生长环境的改变和抵抗力的下降，容易受到病虫害的侵袭。加强病虫害防治是移植后养护管理的重要一环。首先，应定期巡查植物的生长状况，一旦发现病虫就害及时采取措施进行防治。可以使用生物防治、物理防治或化学防治等方法控制病虫害的发生和传播。

在防治过程中，应注意选择对植物安全无害的防治措施，并遵循"预防为主、综合防治"的原则。同时，要加强植物的养护管理，提高植物的抗病虫害能力。

### （四）环境适应与生长调节

移植后的植物需要逐渐适应新的生长环境。在适应过程中，植物可能会出现生长不良、叶片枯黄等现象。因此，需要加强环境适应与生长调节的管理。

首先，应根据植物的生长习性和新环境的特点，调整植物的生长条件和养护管理措施。例如，对于喜光植物应提供充足的光照，对于喜阴植物则应避免阳光直射。

其次，可以通过修剪、整形等措施调节植物的生长状态和形态。修剪可以去除病弱枝、过密枝和过长枝等，保持植物形态的美观和通风透光；整形则可以根据植物的生长习性和观赏需求调整植物的形态与姿态。

最后，在移植后的养护管理过程中，需要注意对植物进行保护。例如，在寒冷季节或大风天气下，应对植物进行防寒保暖或支撑加固等措施；在夏季高温时，则应对植物进行遮阴降温等处理。这些措施能够减少外界环境对植物的影响，促进植物的健康生长。

总之，移植后的养护管理是确保植物成功适应新环境、恢复生长并长期保持健康状态的关键环节。通过加强水分管理、养分供给、病虫害防治以及环境适应与生长调节等方面的管理，我们可以大大提高植物的移植成活率并保障其健康生长。

# 第四节　种植季节与时机

## 一、不同植物的适宜种植季节

种植季节与时机的选择对于植物的成活率和生长状况至关重要。不同的植物因其生长习性和生态需求，在一年中的适宜种植季节也有所不同。以下从四个方面对不同植物的适宜种植季节进行详细分析：

### （一）气候因素与植物生长习性的匹配

植物的生长习性与其所在地区的气候条件密切相关。在选择适宜种植季节时，需要考虑植物对温度、光照、湿度等气候因素的适应性。例如，热带植物喜欢温暖湿润的环境，适宜在春季和夏季种植；寒带植物则更适应寒冷干燥的气候，适宜在秋季和冬季种植。因此，在选择适宜种植季节时，应充分考虑植物的生长习性与当地气候条件的匹配程度，以确保植物能够健康生长。

### （二）植物生命周期与种植时机的关系

植物的生命周期包括生长、开花、结果和休眠等阶段。每个阶段对种植时机的要求都不同。例如，有的植物在春季开始生长，春季种植有利于其迅速适应新环境并茁壮成长；有的植物在秋季进入休眠期，秋季种植可能会影响其正常生长和开花。因此，在选择适宜种植季节时，应充分考虑植物的生命周期和生长需求，以选择最佳的种植时机。

### （三）土壤条件与种植季节的适应性

土壤是植物生长的基础，其质地、肥力、水分等因素对植物的生长状况有着重要影响。在选择适宜种植季节时，需要考虑土壤条件与种植季节的适应性。例如，在土壤肥沃、水分充足的地区，春季和夏季是适宜种植的季节；在土壤贫瘠、干旱的地区，则需要在雨季或土壤湿度较高的季节进行种植。此外，对于一些需要特殊土壤条件的植物，如酸性土壤植物或碱性土壤植物，更需要在特定的季节进行种植，以确保其正常生长。

### （四）种植技术与季节选择的关系

种植技术对于植物的成活率和生长状况有着重要影响。不同的种植技术适用于不同的季节和植物类型。在选择适宜种植季节时，需要考虑种植技术与季节选择的关系。例如，在春季和夏季，可以采用直接播种或扦插等繁殖方式进行种植；在秋季和冬季，适合采用移栽或分株等方式进行种植。此外，对于一些需要特殊种植技术的植物，如嫁接植物或组培植物，更需要在特定的季节进行种植，以确保其成活率和生长质量。

综上所述，选择适宜的种植季节对于植物的生长和成活至关重要。在选择种植季节时，应充分考虑气候因素、植物生命周期、土壤条件及种植技术等因素的影响，以确保植物能够健康生长并达到最佳的观赏效果。同时，需要注意不同植物之间的生长习性和生态需求的差异，以选择最适宜的种植季节和种植方式。

## 二、种植时机的选择

种植时机的选择对于植物的生长、开花以及最终的产量和质量具有决定性的影响。以下从四个方面对种植时机的选择进行详细分析：

### （一）植物的生长周期与种植时机

每种植物都有其特定的生长周期，包括种子发芽、幼苗生长、开花结果和衰老等阶段。种植时机的选择应充分考虑植物的生长周期。例如，对于春季开花的植物，应在秋季或早春种植，以便植物在开花之前完成生长周期，达到最佳观赏效果。对于一年生植物，种植时机应选择在春季，以便其利用整个生长季节进行生长和积累养分。因此，了解植物的生长周期是选择种植时机的基础。

在选择种植时机时，还应考虑植物对光照、温度和水分等环境因素的需求。不同植物对光照、温度和水分的需求不同，因此，种植时机应根据植物的需求和当地的气候条件确定。例如，在气温较低的地区，应选择气温回升、光照充足的春季进行种植；在气温较高的地区，应选择气温适中、雨水充足的季节进行种植。

### （二）土壤条件与种植时机

土壤条件是植物生长的基础。土壤的温度、湿度、肥力和通气性等因素对植物的生长具有重要影响。种植时机的选择应充分考虑土壤条件。在土壤温度适宜、湿度适中、肥力充足的季节进行种植，有利于植物的生长和成活。例如，在春季和秋季，土壤的温度适宜、湿度适中，因此春季和秋季是许多植物种植的好时机。

此外，土壤的类型和质地也会影响种植时机的选择。例如，对于沙质土壤，由于其保水性差，应选择在雨季或土壤湿度较高的季节进行种植；对于黏质土壤，由于其通气性差，应选择在土壤湿度适中的季节进行种植。

### （三）病虫害防控与种植时机

病虫害是影响植物生长和产量的重要因素。种植时机的选择应充分考虑病虫害的防控。在病虫害高发季节进行种植，容易导致植物受到病虫害的侵袭，从而影响其生长和产量。因此，在选择种植时机时，应避开病虫害高发季节，选择病虫害较少的季节。

此外，应根据植物对病虫害的抵抗力选择种植时机。有的植物对病虫害的抵抗力较强，适合在病虫害高发季节进行种植；有的植物对病虫害的抵抗力较弱，适合在病虫害较少的季节进行种植。

### （四）市场需求与种植时机

市场需求是影响种植时机的重要因素之一。种植时机的选择应充分考虑市场需求。在市场需求旺盛的季节进行种植，有利于销售并提高经济效益。因此，在选择种植时机时，应了解市场需求的变化趋势，选择市场需求旺盛的季节。

同时，应考虑农产品的季节性和市场周期性。一些农产品具有明显的季节性特征，如水果、蔬菜等，其种植应在市场需求旺盛的季节进行。对于一些市场周期性明显的农产品，如花卉、观赏植物等，其种植时机应根据市场的周期性确定，以便在最佳销售季节进行销售。

综上所述，种植时机的选择应综合考虑植物的生长周期、土壤条件、病虫害防控和市场需求等因素。科学合理地选择种植时机，可以提高植物的成活率和生长质量，满足市场需求，实现经济效益和社会效益的双赢。

## 三、种植季节与成活率的关系

种植季节的选择对于植物的成活率具有至关重要的影响。选择适宜的种植季节，不仅能够提高植物的成活率，还能促进植物的健康生长。以下从四个方面来详细分析种植季节与成活率的关系：

### （一）气候条件与成活率

气候条件是影响植物成活率的关键因素之一。不同的植物对气候的适应性不同，因此，在选择适宜的种植季节时需要考虑气候条件与植物需求的匹配度。例如，一些植物喜欢温暖湿润的环境，那么它们在春季和夏季种植会更为适宜，因为这两个季节的气候条件更符合它们的生长需求。相反，如果在寒冷的冬季或炎热的夏季种植这些植物，那么它们的成活率可能会大大降低。

气候条件中的温度、光照、降雨等因素都会影响植物的成活率。温度过高或过低都可能导致植物的生长受到抑制，甚至死亡。光照不足会影响植物的光合作用，进而影响其生长和成活。降雨不足或过多则会影响土壤的湿度，从而影响植物根系的生长和吸收能力。因此，在选择适宜的种植季节时，应充分考虑当地的气候条件，确保植物在最佳气候条件下生长。

## （二）土壤状况与成活率

土壤状况也是影响植物成活率的关键因素之一。不同的植物对土壤的要求不同，因此，在选择种植季节时，需要考虑土壤状况与植物需求的匹配度。例如，一些植物喜欢肥沃、排水良好的土壤，那么在土壤状况良好的季节种植它们会更为适宜。相反，如果土壤贫瘠、排水不畅，那么这些植物的成活率可能会受到影响。

土壤的温度、湿度、肥力和酸碱度等因素都会影响植物的成活率。土壤温度过低或过高都会影响植物根系的生长和吸收能力。土壤湿度不足或过多都会影响植物的生长和成活。土壤肥力不足则会导致植物缺乏必要的营养元素，影响其生长和成活。土壤酸碱度不适宜则会影响植物对营养元素的吸收和利用。因此，在选择种植季节时，应充分考虑土壤状况，确保植物在适宜的土壤条件下生长。

## （三）病虫害防控与成活率

病虫害是影响植物成活率的重要因素之一。在不同的季节，病虫害的发生情况也会有所不同。因此，在选择种植季节时，需要考虑病虫害的防控与成活率的关系。

一些病虫害在特定的季节高发，如春季的蚜虫、夏季的螨虫等。如果在这些季节种植植物，就需要加强病虫害的防控工作，否则植物的成活率可能会受到严重影响。因此，在选择种植季节时，应避开病虫害高发季节，选择病虫害较少的季节。同时，需要根据植物对病虫害的抵抗力选择种植季节，确保植物在种植后能够健康成长。

### （四）种植技术与成活率

种植技术是影响植物成活率的关键因素之一。对于不同的植物需要采用不同的种植技术，包括播种、扦插、移栽等。不同的种植技术也需要在不同的季节进行。

例如，对于一些需要播种的植物，在春季播种可以充分利用春季温暖湿润的气候条件，促进种子的发芽和生长；对于一些需要移栽的植物，在秋季移栽可以避开高温季节对植物造成的伤害，同时，也有利于植物在冬季进行休眠和养分积累。因此，在选择种植季节时，应充分考虑植物的种植技术需求，选择最适宜的种植季节。

综上所述，种植季节的选择与植物的成活率密切相关。在选择种植季节时，应充分考虑气候条件、土壤状况、病虫害防控和种植技术等因素与植物成活率的关系，确保植物在最佳条件下生长和成活。

# 第五节　植物种植后的监测与管理

## 一、种植后的监测内容

植物种植后的监测工作是确保植物健康生长、及时发现并解决问题的重要环节。以下从四个方面对种植后的监测内容进行详细分析：

### （一）生长状况监测

生长状况监测是种植后最基本的监测内容之一。这包括观察植物的株高、叶片颜色、生长速度等指标。通过定期测量和记录这些指标，我们可以了解植物的生长趋势和健康状况。如果发现植物的生长速度缓慢、叶片颜色暗淡或出现异常，可能是水分、养分或光照不足等造成的，需要及时采取措施进行调整。

此外，对于不同类型的植物，生长状况监测的重点也有所不同。例如，对于果树来说，需要关注果实的发育情况、病虫害发生情况等；对于观赏植物来说，需要关注叶片形状、花色等观赏特性的表现。因此，在监测过程中，应根据植物的特点和需求制订相应的监测计划。

## （二）土壤状况监测

土壤是植物生长的基础，土壤状况的监测对于了解植物的生长环境、及时发现土壤问题具有重要意义。土壤状况监测包括测定土壤湿度、pH 值、养分含量等指标。通过定期监测这些指标，可以了解土壤的水分供应情况、酸碱度及养分的供应状况。如果发现土壤湿度过高或过低、pH 值偏离正常范围或养分含量不足等问题，那么需要及时采取措施进行调整，以确保植物在适宜的土壤环境中生长。

## （三）病虫害监测

病虫害是影响植物生长和产量的重要因素之一。种植后的病虫害监测是及时发现并控制病虫害的关键。病虫害监测包括观察植物的叶片、茎干等部位是否有害虫或病菌的侵害迹象，以及了解病虫害的发生规律和传播途径。通过定期巡查和记录病虫害的发生情况，可以及时发现病虫害问题并采取相应的防治措施。同时，需要根据病虫害的特点选择合适的防治方法和药剂进行防治，以免对植物和环境造成不必要的伤害。

## （四）环境因素监测

环境因素是影响植物生长的重要外部条件。种植后的环境因素监测包括监测温度、光照、降雨等气象因素以及周围环境的变化情况。通过定期监测这些因素的变化情况，可以了解植物所处环境条件是否满足其生长需求。如果发现环境条件不适宜或发生剧烈变化，那么需要及时采取措施进行调整，以确保植物在适宜的环境条件下生长。

在环境因素监测中，需要特别注意温度的变化情况。温度是影响植物生长的关键因素之一，过高或过低的温度都会对植物的生长造成不利影响。因此，在种植后需要密切关注温度的变化情况，并根据植物的需求采取相应的措施进行调节。例如，在高温季节需要采取通风和降温措施，以免植物受到热害；在低温季节需要采取保温措施，以免植物受到冻害。

综上所述，种植后的监测工作是确保植物健康生长、及时发现并解决问题的关键环节。通过从生长状况、土壤状况、病虫害及环境因素等方面进行全面监测和管理，我们可以确保植物在适宜的环境中生长并获得良好的生长效果。

## 二、种植后的管理措施

种植后的管理措施对于植物的健康成长和长期生存至关重要。以下从四个方面对种植后的管理措施进行详细分析：

### （一）灌溉与排水管理

灌溉与排水管理是种植后首要考虑的管理措施。合理的灌溉可以保证植物获得足够的水分供应，促进其正常生长。在灌溉管理中，需要根据植物种类、生长阶段、土壤状况及气候条件等因素，制订科学的灌溉计划。同时，要注意灌溉的时间、频率和量度，避免过度灌溉导致根系缺氧或水分浪费。

排水管理同样重要，特别是在雨季或地势低洼地区，积水会导致植物根系缺氧、腐烂，甚至引发病虫害。因此，在种植前应对场地进行排水设计，确保排水系统畅通无阻。种植后还需定期检查排水系统，确保其正常运行。

### （二）施肥与营养管理

施肥与营养管理对于植物的健康成长至关重要。肥料是植物获取营养的重要来源，而不同的植物对营养元素的需求不同。因此，在施肥管理中，需要根据植物种类、生长阶段和土壤状况等因素，制订科学的施肥计划。同时，要注意肥料的种类、用量和施用时间，避免过量施肥导致土壤板结、盐分累积等问题。

除施肥外，营养管理还包括对土壤养分的监测和调整。通过定期测定土壤中的养分含量，可以了解土壤养分的供应状况，并根据测定结果采取相应的措施进行调整。例如，当土壤中某种养分含量不足时，可以通过增施肥料或施加微生物肥料等方式进行补充；当土壤中盐分累积过多时，需要采取淋洗、排水等措施降低盐分含量。

### （三）病虫害防治

病虫害防治是种植后不可或缺的管理措施。病虫害不仅会影响植物的生长和产量，还会对植物造成不可逆的伤害。因此，在种植后需要密切关注病虫害的发生情况，并采取相应的防治措施。

病虫害防治的措施包括物理防治、生物防治和化学防治等。物理防治主要是通过人工捕捉、清除病虫害源等方式进行，生物防治是利用天敌、微生物等生物因素进行防治，化学防治是利用化学药剂进行防治。在选择防治措施时，应根据病虫害的特点、危害程度和防治效果等因素进行综合考虑，选择最适合的防治措施。

同时，需要注意防治措施的时机和用量。防治时机过早或过晚都会影响防治效果，防治用量过大或过小也会对植物和环境造成不必要的伤害。因此，在防治过程中需要严格按照防治方案进行操作，确保防治效果的最优化。

### （四）修剪与整形管理

修剪与整形管理是保持植物美观、促进植物健康生长的重要手段。修剪可以去除病枝、弱枝、过密枝等不利于植物生长的枝条，保持植物内部通风透光良好；整形可以塑造植物的形态，提高其观赏价值。

在修剪与整形管理中，需要根据植物种类、生长阶段和观赏需求等因素制定科学的修剪与整形管理方案。同时，要注意修剪工具的消毒和保养，避免传播病虫害。在修剪过程中要注意保护植物的伤口，避免过度修剪导致植物受伤或死亡。

总之，种植后的管理措施是确保植物健康生长、提高观赏价值和产量的重要保障。通过科学的灌溉与排水管理、施肥与营养管理、病虫害防治以及修剪与整形管理等措施的综合应用，可以实现植物的健康生长和长期生存。

## 三、种植后常见问题的处理

种植后的植物在生长过程中可能会出现各种问题，及时识别并处理这些问题对于植物的健康生长至关重要。以下从四个方面对种植后常见问题的处理进行详细分析：

### （一）生长迟缓的处理

生长迟缓是种植后常见的问题之一。当植物的生长速度明显慢于正常水平时，可能是养分不足、水分供应不足、光照不足或病虫害等引起的。

针对养分不足的问题，可以通过增施肥料或施加微生物肥料等方式进行补充。在选择肥料时，应根据植物的需求和土壤状况选择合适的肥料种类与用量。同时，要注意肥料的均匀施用和适时补充，以确保植物获得足够的养分供应。

针对水分供应不足的问题，需要调整灌溉计划，增加灌溉次数和灌溉量。同时，要注意检查排水系统是否畅通，避免水分过多导致根系缺氧。

针对光照不足的问题，可以通过调整周围遮挡物、延长光照时间等方式改善植物的光照条件。对于需要较多光照的植物，可以考虑使用人工光源进行补充。

在处理生长迟缓问题时，还需要注意病虫害的防治。如果生长迟缓是由病虫害引起的，需要及时采取相应的防治措施，避免病虫害对植物造成进一步的伤害。

## （二）病虫害问题的处理

病虫害是种植后常见的问题之一，会对植物的生长和产量构成严重威胁。一旦发现病虫害问题，就该立即采取相应的处理措施。

首先，要准确识别病虫害的种类和危害程度。通过观察病虫害的症状和发生规律，可以确定病虫害的种类和危害程度，从而制定相应的防治措施。

其次，要选择合适的防治方法。根据病虫害的特点和危害程度，可以选择物理防治、生物防治或化学防治等方法进行防治。在选择防治方法时，要充分考虑其对植物和环境的影响，选择最适合的防治方法。

在防治过程中，要注意防治时机和用量。防治时机过早或过晚都会影响防治效果，防治用量过大或过小也会对植物和环境造成不必要的伤害。因此，在防治过程中需要严格按照防治方案进行操作，确保防治效果的最优化。

最后，要加强对植物的养护管理，提高植物的抗病能力。合理的灌溉、施肥和修剪等措施，可以增强植物的体质和免疫力，减少病虫害的发生和传播。

## （三）土壤问题的处理

土壤问题是种植后常见的问题之一，主要包括土壤板结、盐碱化、养分失衡等。这些问题会影响植物根系的生长和吸收能力，导致植物生长不良或死亡。

针对土壤板结的问题，可以通过深耕、松土等方式改善土壤结构，增强土壤的通气性和透水性。同时，要注意合理施肥和灌溉，避免过度施肥和灌溉导致土壤板结加剧。

针对盐碱化的问题，可以通过淋洗、排水等措施降低土壤中的盐分含量。同时，要注意选择耐盐碱的植物品种进行种植，以降低盐碱化对植物的影响。

针对养分失衡的问题，可以通过测定土壤中的养分含量，了解土壤的养分供应状况。根据测定结果采取相应的措施进行调整，如增施肥料、调整灌溉方式等，以确保植物获得足够的养分供应。

## （四）环境适应问题的处理

环境适应问题是种植后常见的问题之一，主要包括温度不适、光照不足或过量等。这些问题会影响植物的正常生长和开花结果。

针对温度不适的问题，可以通过搭建遮阳网、设置保温设施等方式调整植物所处环境温度。同时，要注意选择适应不同温度条件的植物品种进行种植，以减少温度不适对植物的影响。

针对光照不足或过量的问题，可以通过调整周围遮挡物、延长或缩短光照时间等方式调整植物的光照条件。同时，要注意选择适应不同光照条件的植物品种进行种植，以满足植物对光照的需求。

在处理环境适应问题时，还需要注意对植物的养护管理。合理的灌溉、施肥和修剪等措施，可以提高植物对环境变化的适应能力，降低环境适应问题对植物的影响。

# 第三章　园林植物的景观设计原则

## 第一节　景观设计的概念与意义

### 一、景观设计的定义

景观设计，作为一门综合性艺术，旨在通过设计手段创造出既具有美学价值又满足人类生活需求的空间环境。以下从四个方面对景观设计的定义进行深入分析：

### （一）空间规划与布局

景观设计首先涉及对空间的规划与布局。这包括对地形、地貌、水体、植被等自然元素的合理利用和配置，以及对建筑、道路、广场等人工元素的合理安排。通过科学的空间规划与布局，可以营造出舒适、美观、实用的环境空间，满足人们对美的追求和对生活的需求。例如，在公园景观设计中，通过合理规划道路和广场的布局，可以方便游客游览和休息；通过合理利用地形和水体，可以营造出丰富的景观效果和生态环境。

### （二）美学与艺术性

景观设计追求的是美学与艺术性的统一。它要求设计师在充分考虑环境特点和功能需求的基础上，运用美学原理和艺术手法，创造出具有独特魅力和感染力的景观空间。这包括对色彩搭配、形态塑造、节奏韵律等方面的考虑。精心的设计和巧妙的布置，可以使景观空间呈现出和谐、统一、富有韵律感的视觉效果，给人以美的享受和心灵的愉悦。例如，在庭院景观设计中，可以通过精心选择植物品种和配置方式，创造出四季有景、层次分明的庭院景观；通过运用雕塑、喷泉等景观元素，营造出富有艺术气息的空间氛围。

### （三）生态与可持续性

景观设计强调生态与可持续性的原则。它要求设计师在设计中充分考虑生态系统的平衡和可持续发展，通过合理的规划和设计手段，减少对环境的影响和破坏，实现人与自然的和谐共生。这包括选择适地适树的植物品种、利用可再生能源、推广绿色建筑材料等方面的考虑。通过进行生态设计和坚持可持续发展的理念，可以打造绿色、健康、低碳的景观空间，为人们提供更加舒适、健康的生活环境。例如，在城市绿地景观设计中，可以通过选择乡土树种和适应性强的植物品种，提高绿地的生态效益和景观效果；通过推广雨水花园、生态停车场等绿色基础设施，实现雨水的自然渗透和循环利用，减少城市内涝和径流污染情况的发生。

### （四）文化与地域性

景观设计承载着文化和地域性的内涵。它要求设计师在设计中充分考虑当地的历史文化、风俗习惯、地形地貌等地域特色，通过景观设计表达地域文化和历史传承。这包括对运用地方材料、采用传统工艺、融入地方元素等方面的考虑。文化与地域性的表达，可以使景观空间具有独特的文化魅力和地域特色，增强人们的归属感和认同感。例如，在历史文化名城的景观设计中，可以通过挖掘和传承当地的历史文化元素，并将其融入景观设计中，打造具有历史底蕴和文化特色的景观空间；在民族地区的景观设计中，可以通过运用当地的建筑材料和工艺，以及融入民族元素和符号，打造具有浓郁民族特色的景观空间。

## 二、景观设计在园林建设中的作用

景观设计在园林建设中扮演着至关重要的角色，它不仅能够提升园林的整体美感，为游客提供舒适宜人的休闲环境，还能够在生态和文化方面发挥重要作用。以下从四个方面详细分析景观设计在园林建设中的作用。

### （一）美学价值的提升

景观设计是美化园林的重要手段。通过精心规划和设计，我们可以创造出丰富多彩、层次分明的景观空间，使园林呈现和谐、统一、富有韵律感的视觉效果。景观设计中的色彩搭配、形态塑造、材质运用等要素，都能为园林增添独特的魅力。例如，在花卉配置上，通过选用不同花色、不同花期的植物品种，可以达到四季有景、色彩斑斓的效果；在景观小品的设计上，通过运用现代艺术手法和传统工艺，可以打造出富有创意和文化内涵的景观作品。这些都能极大地提升园林的美学价值，使游客在游览过程中得到美的享受。

### （二）生态功能的改善

景观设计在园林建设中具有改善生态功能的作用。合理的植物配置和景观设计，可以增加绿地面积，提高植被覆盖率，从而提高空气质量、降低噪声污染、调节小气候等。同时，景观设计中的水体设计、雨水利用等措施，能够促进水资源的循环利用和生态环境的保护。例如，在公园绿地中设计雨水花园，可以收集雨水用于植物灌溉和景观用水，减少城市内涝和径流污染情况的发生；在景观设计中，注重植被的多样性和层次性，可以提高绿地生态系统的稳定性和自我修复能力。这些措施都有助于改善园林的生态环境，为人们提供更加健康、舒适的生活空间。

### （三）文化特色的传承

景观设计在园林建设中能够传承和展示当地的文化特色。通过深入挖掘和整合当地的历史文化、民俗风情、自然景观等资源，并将其融入景观设计，我们可以打造具有独特文化魅力的园林空间。例如，在历史文化名城的园林设计中，可以运用当地的历史文化元素和符号，如古建筑、碑刻、雕塑等，来打造具有历史底蕴和文化氛围的景观空间；在民族地区的园林设计中，可以运用当地的民族元素和特色，如民族建筑、民族服饰、民族工艺品等，打造具有浓郁民族特色的园林景观。这些都有助于传承和弘扬当地的文化特色，增强游客的文化认同感和归属感。

### （四）休闲游憩的满足

景观设计在园林中具有满足人们休闲游憩需求的作用。舒适宜人的休闲环境和建设丰富多彩的游憩设施，可以吸引游客前来游览、放松和娱乐。例如，在公园绿地中设置休闲步道、景观座椅、健身设施等，可以满足游客的休闲游憩需求；在园林中设置儿童游乐区、老年健身区等，可以满足不同年龄段游客的需求。同时，景观设计还可以结合当地的自然风光和人文景观，为游客提供独特的旅游体验和文化享受。这些都有助于增强园林的吸引力和竞争力，促进旅游业的发展。

## 三、景观设计的重要性

景观设计在园林建设中占据着举足轻重的地位，其重要性不仅仅体现在美化环境、提升品质上，更在生态、社会、文化和经济等层面产生了深远影响。以下从四个方面详细分析景观设计的重要性：

### （一）环境美化与品质提升

景观设计最直接的作用就是美化环境，提升园林的品质。通过合理的布局、植物配置、色彩搭配等手段，景观设计可以营造出丰富多彩的视觉景观，为人们提供宜人的生活环境。在现代社会中，随着生活水平的提高，人们对环境品质的要求也越来越高。优美的环境不仅可以提高人们的居住舒适度，还能提升城市的整体形象，增强城市的吸引力和竞争力。因此，景观设计在园林建设中具有不可替代的地位。

### （二）生态平衡的维护

景观设计在维护生态平衡方面发挥着重要作用。在园林建设中，景观设计注重植物的选择和配置，强调生态优先、适地适树的原则。通过选择适应当地气候、土壤等自然条件的植物品种，以及合理的植物配置方式，景观设计可以形成稳定的植物群落，提高园林的生态效益。同时，景观设计还注重水资源的利用和保护，通过雨水花园、生态湿地等设计手段，促进水资源的循环利用和生态环境的改善。这些措施都有助于维护生态平衡、保护生态环境，进而实现人与自然的和谐共生。

### （三）文化传承与弘扬

景观设计在文化传承与弘扬方面具有重要意义。园林不仅仅是自然景观，更是文化的载体。将当地的历史文化、民俗风情、艺术特色等元素融入景观设计，有助于形成具有独特文化魅力的园林空间。这些文化元素不仅丰富了园林的内涵，也为游客提供了了解当地文化、感受文化魅力的机会。同时，景观设计还可以促进文化的交流和融合，推动文化的传承和发展。因此，景观设计在园林建设中具有重要的文化传承与弘扬作用。

### （四）经济效益的提升

景观设计在提升经济效益方面具有重要意义。首先，优美的园林景观可以吸引更多的游客前来游览和消费，从而促进旅游业的发展。旅游业作为服务业的重要组成部分，对地方经济的贡献日益显著。其次，景观设计可以提升城市的整体形象和品质，增强城市的吸引力和竞争力。这有助于吸引更多的投资者和企业入驻，推动城市经济的发展。最后，景观设计可以带动相关产业的发展，如园林设计、施工、养护等产业，为当地增加就业机会和产值。因此，景观设计在提升经济效益方面具有不可忽视的作用。

综上所述，景观设计在园林建设中具有美化环境与提升品质、维护生态平衡、传承与弘扬文化以及提升经济效益等方面的重要性。这些作用不仅体现了景观设计在园林建设中的核心地位，也展示了其在现代社会中的极大价值和深远影响。

## 四、景观设计的发展趋势

随着社会的不断进步和科技的发展，景观设计也在不断演变和发展。以下从四个方面详细分析景观设计的发展趋势：

### （一）生态化与可持续性

生态化与可持续性是景观设计未来发展的重要趋势之一。在全球面临环境问题和资源短缺的背景下，景观设计更加注重生态优先、可持续发展的原则。未来的景观设计将更加强调绿色、低碳、环保的理念，通过科学规划和合理布局，最大限度地减少对环境的影响，提高资源利用效率。例如，在植物配置上，将更多地采用乡土树种和适应性强的植物品种，减少外来物种的引入，以维护生态平衡；在材料选择上，将更倾向于使用可再生、可循环的环保材料，以减少资源浪费和环境污染。此外，景观设计还将注重生态系统的恢复和保护，通过建设生态湿地、雨水花园等生态工程，提高生态系统的稳定性和自我修复能力。

## （二）人性化与互动性

人性化与互动性也是景观设计未来发展的重要趋势。随着生活水平的提高和审美观念的变化，人们对园林空间的需求也日益多样化、个性化。未来的景观设计将更加注重人的需求和体验，以人的尺度为设计出发点，打造更加舒适、便捷、安全的园林空间。同时，景观设计还将注重与游客的互动和交流，通过设计丰富的游憩设施和活动空间，让游客能够参与其中、体验其中、享受其中。例如，在公园绿地中设置儿童游乐区、老年健身区等特色区域，以满足不同年龄段游客的需求；在景观设计中融入科技元素，如智能导览系统、互动景观装置等，以提高游客的参与度和体验感。

## （三）文化融合与创新

文化融合与创新是景观设计未来发展的又一重要趋势。在经济经济全球化的背景下，不同文化之间的交流和融合日益频繁，这为景观设计提供了新的灵感和创意来源。未来的景观设计将更加注重文化的传承和创新，通过深入挖掘和整合当地的历史文化、民俗风情等资源，并将其融入景观设计中，形成具有独特文化魅力的园林空间。同时，景观设计还将借鉴和融合其他国家与地区的优秀设计理念及技术手段，推动园林建设的创新和发展。例如，在园林设计中融入当地的历史文化元素和符号，打造具有地域特色的景观空间；在植物配置上引入外来植物品种，丰富植物景观的多样性和层次性。

## （四）科技化与智能化

科技化与智能化是景观设计未来发展的另一重要趋势。随着科技的不断进步和智能技术的广泛应用，景观设计也将迎来新的变革和发展。未来的景观设计将更加注重科技的应用和创新，通过引入新技术、新材料、新工艺等手段，提高景观设计的科技含量和智能化水平。例如，在景观设计中运用虚拟现实技术、增强现实技术等现代科技手段，为游客提供更加沉浸式的游览体验；在植物配置上利用生物技术和基因工程技术等手段，培育出更加适应环境、观赏价值更高的植物品种；在景观管理中运用物联网技术、大数据技术等智能技术手段，实现景观管理的智能化和自动化。这些科技化和智能化的手段将使景观设计更加先进、高效、便捷，从而为人们提供更加舒适、便捷、安全的园林空间。

# 第二节　植物在景观设计中的作用

## 一、植物的绿化功能

植物是景观设计中的重要元素，其绿化功能在提升环境质量、改善生态条件、提升景观美感等方面发挥着不可替代的作用。以下从四个方面详细分析植物的绿化功能：

### （一）生态环境的改善

植物的绿化功能首先体现在对生态环境的改善上。植物通过光合作用吸收二氧化碳，释放氧气，有助于维持大气中的碳氧平衡，缓解温室效应。同时，植物能够吸附空气中的粉尘和有害物质，净化空气，提高空气质量。此外，植物还能够调节温度和湿度，增加空气湿度，缓解城市热岛效应，为人们提供更加舒适的生活环境。在景观设计中，合理配置植物可以有效改善局部生态环境，提升整体环境质量。

### （二）景观美感的提升

植物的绿化功能体现在对景观美感的提升上。植物具有丰富的形态、色彩和质感，能够为景观空间增添丰富的视觉元素。不同季节、不同品种的植物可以营造出四季有景、层次分明的景观效果。同时，植物能够与建筑、水体等其他景观元素相互映衬，形成和谐统一的景观画面。在景观设计中，植物可以作为主景、配景或背景使用，通过不同的配置方式和手法，创造出独特的景观效果和风格。例如，在公园绿地中，利用乔灌草相结合的植物配置方式，可以形成疏密有致、层次分明的绿地景观；在居住区的景观设计中，通过选用观赏性强的植物品种和配置方式，可以营造出温馨、宜人的居住环境。

### （三）生态多样性的保护

植物的绿化功能体现在对生态多样性的保护上。植物是生态系统中的重要组成部分，它们为各种生物提供了食物、栖息地和繁衍场所。合理配置植物，可以营造出丰富多样的生态环境，吸引各种生物栖息和繁衍，从而保护生态多样性。在景观设计中，应注重植物的选择和配置方式，尽量选择适应当地生态环境的植物品种，避免引入外来物种，以免对当地生态系统造成破坏。同时，应注重植物群落的稳定性和自我修复能力，提高生态系统的抗干扰能力和适应性。

### （四）社会效益的发挥

植物的绿化功能具有广泛的社会效益。首先，植物能够促进人们的身心健康。如绿色植物能够缓解人们的压力、焦虑等负面情绪，提高人们的幸福感和满意度。其次，植物能够提升城市的形象和品质。优美的绿化环境能够提升城市的整体形象和品质，增强城市的吸引力和竞争力。最后，植物能够促进旅游业的发展。优美的绿化环境能够吸引更多的游客前来游览和消费，从而推动旅游业的发展。在景观设计中，应注重发挥植物的社会效益，通过合理配置植物，满足人们的生理和心理需求，提高城市的形象和品质。

## 二、植物的造景作用

在景观设计中，植物不仅仅是生态和环境的改善者，更是重要的造景元素。植物的造景作用体现在多个方面，其从空间塑造、色彩运用、季相变化和意境营造等方面，为景观设计增添了无尽的魅力和活力。以下这四个方面详细分析植物的造景作用：

### （一）空间塑造与分隔

植物在景观设计中扮演着空间塑造与分隔的重要角色。植物的高低、疏密、形态等特性，可以为人们带来不同的空间感受，如开阔、封闭、通透、私密等。例如，高大的乔木可以形成天然的屏障，将空间分隔开来，形成相对独立的空间区域；低矮的灌木和地被植物则能够形成柔和的边界，使空间与控间的过渡更加自然。此外，植物的形态和质感能对空间氛围产生影响，如柔软的草坪和挺拔的乔木可以形成鲜明的对比，提升景观的层次感。

## （二）色彩与质感的运用

植物的色彩和质感是景观设计中的重要视觉元素。植物的色彩丰富多样，从嫩绿到深绿、从金黄到火红，均为景观空间增添了丰富的色彩层次。在景观设计中，可以利用植物的色彩特性进行色彩搭配和对比，营造出不同的视觉效果。同时，植物的质感也各有特点，从粗糙到光滑、从柔软到坚硬，为景观空间增添了丰富的质感体验。合理运用植物的色彩和质感，可以营造出独特的景观风格和氛围。

## （三）季相变化的展现

植物的季相变化是景观设计中的一大亮点。随着季节的更替，植物会呈现不同的生长状态和景观效果。例如，春季万物复苏，植物开始发芽、开花，展现出勃勃生机；夏季绿树成荫，为人们提供避暑的场所；秋季树叶变色、果实成熟，为景观空间增添了一抹金黄的色彩；冬季银装素裹，展现出独特的冬日风情。在景观设计中，可以利用植物的季相变化营造不同的景观效果和氛围，为游客带来不同的视觉体验。

## （四）意境与文化的营造

植物的造景作用体现在意境与文化的营造上。植物不仅具有生态和观赏价值，还承载着丰富的文化内涵和象征意义。在景观设计中，可以利用植物的文化内涵和象征意义，营造独特的意境和文化氛围。例如，竹子象征着坚韧和清雅，常被用于营造宁静、雅致的景观空间；梅花象征着坚韧和高洁，常被用于营造寒冷、坚韧的冬日景观。同时，不同地域的植物也承载着不同的地域文化和历史背景，引入这些植物可以打造具有地域特色的景观空间。在景观设计中，应注重植物的文化内涵和象征意义的运用，通过植物的造景作用营造独特的意境和文化氛围。

综上所述，植物的造景作用体现在空间塑造与分隔、色彩与质感的运用、季相变化的展现以及意境与文化的营造等方面。在景观设计中，应充分发挥植物的造景作用，通过合理配置植物营造独特的景观效果和氛围，为人们带来更加美好的视觉体验和精神享受。

## 三、植物的生态效应

在景观设计中，植物的生态效应是不可或缺的一部分，它们对于维护生态平衡、提高环境质量、保护生物多样性等方面具有显著作用。以下从四个方面详细分析植物的生态效应：

### （一）碳氧平衡与气候调节

绿色植物通过光合作用吸收空气中的二氧化碳并释放氧气，这一过程对于维持大气中的碳氧平衡具有至关重要的作用。同时，植物能够通过蒸腾作用释放大量水分，增加空气湿度，降低环境温度，起到气候调节的作用。在景观设计中合理配置植物，不仅可以增加绿地面积，提高城市绿化率，还可以有效缓解城市热岛效应，提高城市的生态环境质量。

### （二）土壤保持与水源涵养

植物的根系能够深入土壤，固定土壤颗粒，防止水土流失。同时，植物能够通过叶片和枝条的截留作用，减少雨水对地面的冲刷，进一步保护土壤。此外，植物能够通过蒸腾作用将水分释放到空气中，形成水汽，从而增加空气中的湿度，涵养水源。在景观设计中，可以通过选择根系发达、适应性强的植物品种，以及采用乔灌草相结合的植物配置方式，增强土壤保持和涵养水源的能力。

### （三）空气净化与生态修复

植物能够吸收空气中的有害物质，如二氧化硫、氯气、氟化氢等，并通过代谢作用将其转化为无毒或低毒的物质，起到净化空气的作用。同时，植物能够通过分泌特殊物质，抑制病菌和有害生物的繁殖，提高环境的生物安全性。在景观设计中，可以通过选择具有较强空气净化能力的植物品种，如臭椿、银柳等，增强景观空间的生态功能。此外，植物能够发挥其生态修复作用，对受损的生态系统进行修复和重建，如植被恢复、土壤改良等。

## （四）生物多样性与生态平衡

植物是生态系统的重要组成部分，它们为各种生物提供了食物、栖息地和繁衍场所。在景观设计中合理配置植物，可以营造出丰富多样的生态环境，吸引各种生物栖息和繁衍，从而保护生物多样性。同时，植物能够通过竞争、共生等相互作用，促进生态系统的稳定和发展。例如，有的植物能够通过分泌特殊物质抑制其他植物的生长，从而保持自身的竞争优势；有的植物能够与其他植物形成共生关系，相互提供生存所必需的资源。这些相互作用不仅有助于维持生态系统的平衡和稳定，还能够为景观空间增添更多的生态元素和景观特色。

综上所述，植物的生态效应在景观设计中具有重要的作用。通过合理配置植物，发挥它们在碳氧平衡与气候调节、土壤保持与水源涵养、空气净化与生态修复以及生物多样性与生态平衡等方面的作用，景观设计可以提高景观空间的生态环境质量和生态功能。同时，植物的生态效应能够为人们提供更加健康、舒适的生活环境，促进人与自然的和谐共生。

## 四、植物的文化价值

植物作为大自然的重要组成部分，不仅具有生态和美学价值，还承载着丰富的文化内涵和历史底蕴。在景观设计中，植物的文化价值不容忽视，它们凭借自身的象征意义、历史典故、审美价值和精神寄托等方面，为景观空间增添了独特的魅力。以下从四个方面详细分析植物的文化价值：

## （一）象征意义与文化寓意

植物在不同的文化和历史背景下具有不同的象征意义与文化寓意。它们常常被用来表达人们的情感、愿望和信仰。例如，在中国文化中，梅花象征着坚韧和高洁，竹子象征着谦虚和坚韧，菊花寓意着长寿和吉祥。在景观设计中，可以通过选择具有特定象征意义的植物品种，传达某种文化理念或价值观念。这种象征意义不仅丰富了景观的文化内涵，还使景观空间具有了更深层次的意义和价值。

## （二）历史典故与文脉传承

许多植物与历史上的典故和传说紧密相连，它们承载着丰富的历史文化信息。在景观设计中引入这些具有历史典故的植物品种，可以打造具有文脉传承意义的景观空间。这些植物不仅见证了历史的发展，还承载着人们对过去美好时光的怀念和追忆。在景观设计中，可以通过植物的配置和布局，展现历史的脉络和文化的传承，使景观空间成为连接过去、现在和未来的桥梁。

## （三）审美价值与艺术表现

植物以其独特的形态、色彩和质感，成为景观设计中重要的审美元素。它们既可以单独成景，也可以与其他景观元素相互搭配，形成丰富多彩的景观效果。在景观设计中，可以通过对植物的形态、色彩和质感的精心选择与搭配，来营造独特的审美氛围和提升艺术效果。这种审美价值不仅提升了景观空间的观赏性，还使景观空间具有了强高的艺术性和更丰富的文化内涵。

## （四）精神寄托与情感表达

植物与人类情感紧密相连，它们常常成为人们寄托情感和表达情感的重要载体。在景观设计中，可以通过选择具有特定情感寓意的植物品种，来打造具有情感表达功能的景观空间。例如，在纪念性景观中，可以选择寓意着永恒和怀念的植物品种，如松树、柏树等；在休闲性景观中，可以选择寓意着轻松和愉悦的植物品种，如樱花、海棠等。这些植物不仅为人们提供了视觉上的享受，还为人们提供了的寄托和表达情感的途径。在景观设计中，注重植物的情感表达功能，可以使景观空间更加人性化、情感化，从而加强人们与景观空间的情感联系和互动。

综上所述，植物的文化价值在景观设计中具有重要的作用。挖掘和利用植物的文化价值，可以丰富景观的文化内涵和艺术表现力，增强景观空间的感染力和吸引力。同时，植物的文化价值能够为人们提供情感寄托和精神慰藉，促进人与自然的和谐共生。因此，在景观设计中，应充分重视植物的文化价值，将其融入景观设计的各个方面。

# 第三节  景观设计的基本原则

## 一、整体性原则

整体性原则是景观设计的基础和核心，它要求设计师在设计过程中将景观作为一个完整的系统进行考虑，注重各元素之间的内在联系和整体效果。这一原则强调景观设计的全局性和综合性，旨在实现景观空间的统一、协调和可持续发展。

首先，整体性原则要求设计师在规划景观时充分考虑景观空间与周边环境的关系，包括自然环境、人文环境和社会环境等。通过深入分析这些因素，设计师可以准确把握景观空间的定位和发展方向，为后续的设计工作奠定坚实的基础。

其次，整体性原则强调景观空间内部各元素之间的协调性和统一性。设计师需要精心选择植物、水体、建筑、小品等景观元素，通过合理的布局和搭配，使它们在形态、色彩、质感等方面相互呼应、和谐统一。这样不仅可以提升景观空间的整体美感，还可以提高景观空间的识别度和记忆度。

最后，整体性原则注重景观空间的可持续发展。设计师需要关注生态环境的保护和资源的合理利用，避免过度开发和破坏环境。引入生态设计理念和手段，如雨水花园、生态驳岸等，可以促进景观空间的生态平衡和可持续发展。

总之，整体性原则是景观设计的基本原则之一，它要求设计师从整体的角度出发，综合考虑各种因素，实现景观空间的统一、协调和可持续发展。

## 二、和谐性原则

和谐性原则是景观设计的重要原则之一，它强调景观空间内部各元素之间的和谐共生和协调发展。这一原则要求设计师在设计过程中注重景观空间的生态平衡和人文关怀，追求自然与人文的和谐统一。

首先，和谐性原则要求设计师在景观设计中尊重自然规律，保护生态环境。合理引入自然元素，如植物、水体等，可以打造自然、舒适、宜人的景观空间。同时，设计师需要关注景观空间对生态环境的影响，避免对生态环境造成破坏和污染。

其次，和谐性原则强调景观空间内部各元素之间的和谐共生。设计师需要精心选择景观元素，注重它们之间在形态、色彩、质感等方面的协调性和统一性。合理的布局和搭配，可以使景观空间呈现出和谐、宁静、优美的氛围。

最后，和谐性原则注重人文关怀和社会价值的体现。设计师需要关注景观空间对人们的影响和作用，注重人们的需求和感受。引入文化元素、历史元素等人文因素可以增强景观空间的文化内涵和历史底蕴，提高景观空间的社会价值和影响力。

总之，和谐性原则要求设计师在景观设计中注重生态平衡和人文关怀，追求自然与人文的和谐统一。通过精心选择和搭配景观元素，设计师可以打造和谐、优美、宜人的景观空间。

## 三、功能性原则

功能性原则是景观设计的基础原则之一，它要求设计师在设计过程中充分考虑景观空间的使用功能和游客需求。这一原则强调景观设计的实用性和便利性，旨在为人们提供舒适、便捷、安全的休闲和娱乐环境。

首先，功能性原则要求设计师在设计前深入了解和分析景观空间的使用功能与使用者的需求。通过深入了解使用者的需求和习惯，设计师可以准确把握景观空间的功能定位和设计方向。例如，在公园设计中，需要充分考虑游客的游览、休息、娱乐等需求；在居住区的景观设计中，需要关注居民的日常生活和社交需求。

其次，功能性原则要求设计师在景观设计中注重空间的合理布局和流线设计。合理的空间布局和流线设计，可以使景观空间的使用更加便捷、高效、安全。例如，在公园设计中，需要设置合理的游览路线和休息设施；在居住区景观设计中，需要注重景观空间与居住空间的联系和互动。

最后，功能性原则强调景观设计的实用性和耐用性。设计师需要选择适合当地气候、土壤等条件的植物品种和景观材料，以确保景观空间的长期稳定运行。同时，设计师需要注重景观空间的易维护性和安全性，避免设计不当导致的安全隐患和维护困难。

总之，功能性原则是景观设计的重要原则之一，它要求设计师在设计过程中充分考虑景观空间的使用功能和使用者的需求，注重空间的合理布局和流线设计，以及景观设计的实用性和耐用性。通过遵循功能性原则，设计师可以打造更加符合人们需求和使用习惯的景观空间。

## 四、艺术性原则

艺术性原则是景观设计的关键原则之一，它强调景观设计的审美价值和艺术表现力。这一原则要求设计师在设计过程中注重景观空间的美感和艺术效果，追求形式与内容的和谐统一。

首先，艺术性原则要求设计师在设计过程中注重景观空间的形态、色彩、质感等方面的美感。通过精心选择景观元素和布局方式，设计师可以打造具有独特美感和艺术效果的景观空间。例如，在景观设计中运用曲线、对称、重复等美学原理，可以使景观空间呈现出优雅、和谐、富有节奏感的视觉效果。

其次，艺术性原则强调景观设计的创新性和独特性。设计师需要在遵循传统美学原则的基础上，勇于尝试新的设计理念和手法，创造出具有独特魅力和创新价值的景观作品。例如，在景观设计中引入现代科技元素和艺术装置，可以打破传统的景观形态和表现方式，为景观空间注入新的活力和创意。

最后，艺术性原则鼓励设计师在景观设计中进行创新和探索。景观设计是一门不断发展的艺术，设计师需要不断学习和掌握新的设计理念与手法，将其运用到景观设计中。创新性的设计可以打破传统的景观形态和表现方式，为景观空间注入新的活力和创意。同时，创新性设计可以促进景观设计学科的发展和进步。

总之，艺术性原则是景观设计的重要原则之一，它要求设计师在追求视觉美感的同时，注重情感表达、文化传承和创新探索。通过遵循艺术性原则，设计师可以创造既具有美感又富有文化内涵和创意的景观空间，为人们提供更加丰富和多元的休闲与娱乐体验。

# 第四节 植物景观的色彩与形态设计

## 一、植物色彩的搭配原则

植物色彩在景观设计中扮演着至关重要的角色，它们不仅能为空间增添活力，还能营造出不同的氛围和情感。在进行植物色彩搭配时，需要遵循一定的原则，以确保整体效果的和谐与美观。以下从四个方面详细分析植物色彩的搭配原则：

### （一）色彩对比与协调原则

色彩对比与协调是植物色彩搭配的基本原则之一。对比是指通过色相、明度、饱和度等差异，使不同色彩在景观中产生强烈的视觉冲突，从而吸引人们的注意力。协调则强调色彩之间的和谐统一，通过相近或相似的色彩组合，营造出舒适、宁静的氛围。

在植物色彩搭配中，对比与协调应相互补充，既要有鲜明的对比，又要有和谐的统一。例如，在花坛设计中，可以运用红色、黄色、蓝色等鲜艳的色彩进行对比，形成强烈的视觉冲击；同时，在花坛的周围种植一些绿色植物，以起到协调作用，使整体效果既不失活泼，又显得和谐统一。

此外，在运用对比与协调原则时，还需考虑季节变化和植物的生长特性。不同季节的植物色彩会有所变化，因此，需要在设计时考虑到这一点，使植物色彩在四季中都能呈现良好的对比与协调效果。

### （二）色彩层次与变化原则

色彩层次与变化是植物色彩搭配的又一重要原则。通过运用不同色相、明度和饱和度的植物，可以营造出丰富的色彩层次和变化，使景观空间更具层次感和立体感。

在植物色彩搭配中，应注重色彩层次和变化的营造。首先，可以选择不同色相的植物进行搭配，如红色、黄色、紫色等，使景观空间呈现出丰富的色彩变化。其次，可以通过调整植物的种植密度和高度，形成不同的色彩层次，使景观空间更具立体感。最后，可以运用不同形态和质感的植物，如乔木、灌木、地被等，进一步丰富景观空间的色彩层次和变化。

在营造色彩层次和变化时，还需注意避免色彩过于杂乱或单调。过于杂乱的色彩搭配会使人感到眼花缭乱，过于单调的色彩则会使人感到乏味。因此，在植物色彩搭配中需要把握好度，既要保证色彩的丰富性，又要保证整体的和谐统一。

### （三）色彩主题与风格原则

色彩主题与风格是植物色彩搭配中需要重点考虑的因素。不同的色彩主题和风格可以营造出不同的氛围与情感，使景观空间更具特色。

在植物色彩搭配中，应根据景观设计的主题和风格选择植物色彩。例如，在营造浪漫氛围的景观中，可以选择粉色、白色等柔和的色彩；在营造热烈氛围的景观中，可以选择红色、橙色等鲜艳的色彩。同时，在选择植物色彩时，还需考虑当地的文化背景和气候条件等因素，使植物色彩与当地环境相协调。

在营造色彩主题和风格时，需注意保持整体的统一性和连贯性。不同区域和节点的植物色彩应相互呼应、协调统一，避免出现色彩上的断裂和冲突。此外，在植物色彩搭配中需注重细节处理，如植物叶片、花朵等部分的色彩搭配也应与整体色彩主题相协调。

### （四）色彩与环境的融合原则

色彩与环境的融合是植物色彩搭配的最终目标。合理的植物色彩搭配，可以使景观空间与周围环境相协调、相融合，进而形成一个和谐统一的整体。

在植物色彩搭配中，应充分考虑周围环境的色彩特点，如建筑物、道路、水体等元素的色彩。选择与周围环境相协调的植物色彩，可以使景观空间与周围环境融为一体，提升景观的整体感和空间感。同时，在植物色彩搭配中，需考虑光照、季节变化等因素对植物色彩的影响，使植物色彩在不同环境下都能呈现出良好的视觉效果。

总之，植物色彩的搭配是景观设计的重要环节之一。通过遵循对比与协调、层次与变化、主题与风格以及与环境融合等原则，设计师可以打造既美观又和谐的景观空间。

## 二、植物色彩的心理效应

植物色彩在景观设计中不仅具有视觉美感，还能引发人们的心理反应和情感共鸣。以下从四个方面详细分析植物色彩的心理效应：

### （一）色彩与情绪的影响

植物色彩对人们的情绪有着直接的影响。不同的色彩能够激发不同的情绪反应，从而营造出不同的氛围。例如，暖色调（如红色、橙色）的植物能够激发人们的热情和活力，使人感到兴奋和愉悦；冷色调（如蓝色、紫色）的植物则能够带来宁静与平和的感觉，有助于放松身心。

在景观设计中精心选择植物色彩，可以有效地调控人们的情绪。在需要营造欢乐氛围的场合，如儿童游乐场、婚礼现场等，可以大量使用暖色调的植物，如红色的玫瑰、橙色的郁金香等，以激发人们的热情和活力。在需要营造宁静氛围的场合，如养老院、图书馆等，则可以选择冷色调的植物，如蓝色的绣球花、紫色的薰衣草等，以营造宁静、平和的氛围。

### （二）色彩与空间感知

植物色彩能影响人们对空间的感知。明亮的色彩可以使空间显得更加宽敞和开阔，暗淡的色彩则会使空间显得狭窄。此外，不同的色彩还能影响人们对空间距离和深度的感知。

在景观设计中，可以利用植物色彩调控人们的空间感知。在需要营造开阔感的空间，如公园、广场等，可以大量使用明亮的色彩，如黄色的向日葵、白色的郁金香等，以营造宽敞、明亮的氛围。在需要营造私密感的空间，如庭院、休息区等，则可以选择暗淡的色彩，如深绿色的灌木、棕色的树干等，以营造宁静、私密的氛围。

### （三）色彩与记忆和联想

植物色彩能引发人们的记忆和联想。不同的色彩能够唤起人们不同的记忆和情感体验，从而与景观空间产生情感共鸣。例如，红色的玫瑰常常与爱情和浪漫联系在一起，蓝色的矢车菊则让人联想到清新和自然。

在景观设计中，可以通过运用具有象征意义的植物色彩引发人们的记忆和联想。在纪念性景观中，可以运用白色或金色的植物象征纯洁和高贵；在主题公园中，可以运用各种鲜艳的色彩营造欢乐和梦幻的氛围。通过引发人们的记忆和联想，设计师可以使景观空间更具文化内涵和情感价值。

### （四）色彩与人的生理反应

植物色彩还能对人的生理反应产生影响。不同的色彩能够刺激人们的神经系统和内分泌系统，从而影响人们的身体健康。例如，绿色植物能够缓解眼部疲劳、降低血压和心率；蓝色植物能够降低体温和呼吸频率。

在景观设计中，应充分考虑植物色彩对人的生理反应的影响。在需要缓解疲劳、放松身心的场合，如医院、学校等，可以大量使用绿色植物，如草坪、树林等，以缓解人们的压力和紧张情绪。在需要降低体温的场合，如夏季的户外空间，则可以选择蓝色或白色的植物，如蓝色的绣球花、白色的百合等，以降低人们的体温和呼吸频率。

总之，植物色彩在景观设计中具有重要的心理效应。通过合理搭配和运用植物色彩，设计师可以激发人们的情绪反应、影响人们对空间的感知、引发人们的记忆和联想，以及影响人的生理反应，从而打造出既美观又富有情感和文化内涵的景观空间。

## 三、植物形态的设计要点

在景观设计中，植物不仅是色彩的载体，更是塑造空间、营造氛围的重要元素。以下从四个方面详细分析植物形态的设计要点：

### （一）植物形态与空间结构

植物形态对于景观空间的结构和布局具有重要影响。不同的植物形态能够形成不同的空间效果，如封闭、开放、垂直、水平等。例如，高大的乔木能够形成垂直空间，为人们提供庇护；低矮的地被植物能够形成开放空间，使景观更加通透和开放。

在设计时，应根据景观空间的功能需求和审美要求，选择合适的植物形态。对于需要营造私密性和围合感的空间，如庭院、休息区等，可以选择高大的乔木或灌木进行种植；对于需要营造开放感和通透性的空间，如公园、广场等，则可以选择低矮的地被植物或草坪进行覆盖。此外，植物形态的组合和搭配，还可以创造出丰富的空间层次和变化，使景观空间更加丰富多彩。

### （二）植物形态与视觉焦点

植物形态是创造视觉焦点的重要手段。在景观设计中，通常需要设置一些视觉焦点吸引人们的注意力。植物形态的独特性和美观性使其成为创造视觉焦点的理想选择。

为了创造视觉焦点，可以选择具有特殊形态的植物进行种植，如奇特的树形、独特的叶片形状等。这些植物能够成为景观中的亮点和特色，吸引人们的目光。还可以通过植物的组合和搭配，形成对比和呼应的效果，进一步突出视觉焦点。例如，在花坛中种植形态各异的花卉，可以形成丰富的视觉效果；在草坪中点缀几株高大的乔木，可以形成鲜明的对比和呼应。

### （三）植物形态与生态功能

植物形态不仅具有观赏价值，还具有重要的生态功能。不同的植物形态对环境的适应能力和生态作用也有所不同。因此，在植物形态的设计中，应充分考虑其生态功能。

首先，应选择适应当地气候和土壤条件的植物品种，以保证其正常生长和发挥生态功能。例如，在干旱地区应选择耐旱的植物品种，在水生环境应选择耐水的植物品种。其次，应合理设计植物群落的结构，以提高生态系统的稳定性和抗干扰能力。不同形态植物的组合，可以形成多样化的生态环境，为生物提供丰富的栖息地和食物来源。最后，应注重植物的生态修复和绿化功能。选择具有净化空气、涵养水源等生态功能的植物品种进行种植，有助于提高环境质量。

### （四）植物形态与文化寓意

植物形态蕴含着丰富的文化寓意和象征意义。不同的植物形态能够引发人们不同的文化联想和情感共鸣，从而提升景观的文化内涵和艺术价值。

在植物形态的设计中，应充分考虑其文化寓意和象征意义。选择具有特殊形态和文化寓意的植物品种进行种植，可以打造具有文化内涵的景观空间。例如，在中华优秀传统文化中，竹子象征着坚韧和清高，松树象征着长寿和永恒。在景观设计中运用这些具有文化寓意的植物品种，可以打造出具有中华优秀传统文化特色的景观空间。同时，植物的组合和搭配，可以形成具有文化象征意义的图案和构图，进一步丰富景观的文化内涵和提升其艺术价值。

## 四、形态与色彩的协调统一

在景观设计中，植物形态与色彩的协调统一是创造和谐、美观空间的重要原则。形态与色彩的完美结合不仅能够提升景观的视觉效果，还能增强人们的审美体验，引发人们的情感共鸣。以下从四个方面详细分析形态与色彩协调统一的设计要点：

### （一）形态与色彩的和谐搭配

形态与色彩的和谐搭配是景观设计中植物的形态与色彩协调统一的基础。植物形态的多样性和色彩的丰富性为设计师提供了广阔的创意空间。在设计中，需要充分考虑植物形态与色彩的搭配关系，使两者相互映衬、相得益彰。

首先，形态与色彩的选择应基于景观的整体风格和主题。例如，在营造自然、野趣的景观时，可以选择形态自然、色彩丰富的植物品种，如野花、野草等；在营造现代、简约的景观时，则可以选择形态简洁、色彩明快的植物品种，如修剪整齐的灌木、草坪等。

其次，形态与色彩的搭配应和谐统一。在设计中，可以通过形态与色彩的对比、呼应、重复等手法营造和谐统一的效果。例如，在花坛设计中，可以运用色彩对比强烈的植物品种进行搭配，形成视觉焦点；同时，通过形态相似的植物品种进行呼应和重复，使整体景观更加和谐统一。

### （二）形态与色彩的层次感

形态与色彩的层次感是提升景观空间感和立体感的关键。在景观设计中，不同形态与色彩的植物组合，可以形成丰富的层次感和立体感，使景观空间更加生动有趣。

首先，可以利用植物形态的高低错落营造层次感。例如，通过种植高大的乔木、低矮的灌木和地被植物等不同高度的植物品种，形成丰富的空间层次和变化。同时，利用植物色彩的明暗、深浅变化增强景观的层次感。

其次，形态与色彩的层次感需要注重过渡和衔接。在景观设计中，应避免形态与色彩之间的突兀和断裂，通过适当的过渡和衔接使整体景观更加和谐统一。例如，在植物群落的设计中，可以通过色彩相近或形态相似的植物品种进行过渡和衔接，使不同区域之间的景观更加自然流畅。

### （三）形态与色彩的情感表达

形态与色彩的情感表达是景观设计中实现植物的形态与色彩协调统一的重要手段。设计师通过形态与色彩的设计可以传达植物的不同的情感和审美。

首先，不同的形态与色彩能够引发人们不同的情感反应。例如，柔和的曲线形态和温暖的色彩能够营造宁静、舒适的氛围；尖锐的直线形态和冷色调则能够传达紧张、刺激的情感。设计师应根据景观的功能需求和审美要求选择合适的形态与色彩营造特定的情感氛围。

其次，形态与色彩的情感表达需要注重和环境的融合。设计师应充分考虑景观所处环境和文化背景，选择和环境相协调的形态与色彩营造特定的情感氛围。例如，在历史文化景观中，可以运用具有传统特色的植物形态与色彩营造文化氛围；在现代都市景观中，则可以运用简洁明快的形态与色彩展现现代都市的时尚和活力。

### （四）形态与色彩的可持续性

形态与色彩的可持续性是现代景观设计的重要理念。设计师在追求形态与色彩协调统一的同时，还需要注重设计的生态性和可持续性。

首先，在植物形态与色彩的选择上应优先考虑生态适应性强的品种。这些品种不仅能够在当地环境中健康生长，还能够有效地提高环境质量、维护生态平衡。

其次，设计师应注重节约资源和降低能耗。例如，提高通过合理的植物配置和种植方式提高土地利用率和水分利用效率；同时，选择具有较长寿命和较低维护成本的植物品种以降低后期的维护成本。

最后，在形态与色彩的设计中应注重植物与环境的互动和共生。植物与环境的相互作用，可以形成更加和谐、自然的景观空间；同时，这些空间能够为人们提供更加健康、舒适的生活环境。

# 第五节　景观设计的空间布局

## 一、空间布局的基本概念

在景观设计中，空间布局是景观整体结构的基础，它涉及如何有效地组织、划分和利用空间，以满足人们的审美、功能和生态需求。以下从四个方面对空间布局的基本概念进行深入分析。

### （一）空间布局的定义与内涵

空间布局是指在景观设计中，根据场地条件、功能需求、审美原则等因素，对空间进行划分、组织和利用的过程。它旨在创造一个既符合人们的审美要求和功能需求，与自然环境相协调的景观空间。空间布局的内涵包括空间的尺度、比例、形状、方向、层次等方面，这些元素共同构成了景观空间的骨架。

### （二）空间布局的功能性

空间布局的首要任务是满足人们对景观的功能需求。不同的景观空间具有不同的功能，如休闲、娱乐、观赏、交通等。因此，在空间布局的计划上，需要充分考虑各种功能需求，并合理划分空间区域，以确保每个区域都具有特定的功能。例如，在公园设计中，需要设置游乐区、休息区、观赏区等不同功能的区域，以满足游客的不同需求。

### （三）空间布局的审美性

空间布局的审美性是景观设计的重要组成部分。一个优秀的景观空间应该具有独特的审美价值，能够引起人们的共鸣和欣赏。设计师需要注重空间的尺度感、比例感、节奏感等审美要素，通过合理的空间划分和组织，创造出具有韵律美、和谐美、平衡美的景观空间。例如，在园林设计中，通过运用对称、对比、重复等手法，营造出具有强烈视觉冲击力和艺术感染力的景观效果。

### （四）空间布局的生态性

随着人们环境保护意识的增强，生态性已成为现代景观设计的重要原则之一。设计师需要充分考虑场地的自然环境特征，如地形、气候、植被等，并遵循生态规律，合理利用和保护自然资源。通过植物配置、水体设计、地形塑造等手段，设计师可以打造出具有生态功能和生态效益的景观空间。例如，在湿地公园设计中，通过恢复湿地生态系统、保护生物多样性等方式，实现景观的生态功能和生态效益。

综上所述，空间布局是景观设计不可或缺的一部分。它涉及空间的尺度、比例、形状、方向、层次等方面，需要设计师综合考虑功能、审美和生态等因素。合理的空间布局设计，可以创造出一个既符合人们的审美要求和功能需求，又与自然环境相协调的景观空间。在实际应用中，设计师需要不断学习和探索新的设计理念与手法，以应对日益复杂多变的景观设计需求。

## 二、空间布局的原则与方法

在景观设计中，空间布局是塑造景观整体效果的关键环节。它遵循一系列原则，并运用多种方法实现景观空间的合理规划。以下从四个方面对空间布局的原则与方法进行深入分析：

### （一）空间布局的原则

1. 功能性原则：景观空间的设计首先要满足人们对其功能性的需求。设计师应明确景观空间的主要功能，如休闲、娱乐、观赏等，并根据这些功能合理划分和组织空间。在布局过程中，要充分考虑人流、车流、视线等因素，确保景观的空间布局与人们的功能需求相匹配。

2. 美观性原则：景观空间布局应追求美观和和谐。设计师应注重空间的尺度、比例、形状、方向等审美要素，运用对称、对比、重复等手法，打造出具有韵律美、和谐美、平衡美的景观空间。同时，要充分考虑景观与周围环境的协调性，使整体景观效果更加和谐统一。

3. 生态性原则：景观设计应遵循生态规律，注重生态保护和可持续发展。设计师在空间布局方面，要充分考虑场地的自然环境特征，如地形、气候、植被等，并合理利用和保护自然资源。通过植物配置、水体设计、地形塑造等手段，打造出具有生态功能和生态效益的景观空间。

4.安全性原则：景观空间布局应确保人们的安全。设计师要充分考虑人流、车流、地形等因素，避免安全隐患。在布局过程中，要合理设置道路、台阶、栏杆等安全设施，确保人们安全、舒适地享受景观空间。

### （二）空间布局的方法

1.轴线布局法：轴线布局法是以轴线为核心，通过轴线组织景观空间的方法。这种方法可以使景观空间呈现出对称、均衡、有秩序的特点。设计师可以根据场地的特点和功能需求，设置一条或多条轴线，并在轴线上布置重要的景观元素，如雕塑、喷泉、花坛等，以形成强烈的视觉冲击力和引导性。

2.网格布局法：网格布局法是将场地划分为若干网格，并在网格中布置景观元素的方法。这种方法可以使景观空间呈现出整齐、有序、规则的特点。设计师可以根据场地的尺度和比例，合理划分网格，并在网格中布置植物、小品、道路等景观元素，以形成统一的风格和效果。

3.自由布局法：自由布局法是根据地形、植被等自然条件，以及景观元素的特点和关系，自由组织景观空间的方法。这种方法可以使景观空间呈现出自然、灵活、多变的特点。设计师应充分考虑场地的自然环境特征和景观元素的特点，灵活运用各种手法和技巧，创造出具有独特风格和魅力的景观空间。

4.综合布局法：综合布局法是将多种布局方法综合运用，以创造出更加丰富多样、和谐统一的景观空间的方法。设计师可以根据场地的特点和功能，灵活运用轴线布局法、网格布局法、自由布局法、综合布局法等方法，将各种景观元素有机地融合在一起，形成独具特色的景观空间。同时，在布局过程中，要注重空间的层次感和深度感，使景观空间更加立体和生动。

### （三）空间布局的层次感设计

层次感设计是进行空间布局中的重要方法，它能够增添景观的立体感，使空间更加丰富多样。以下是关于层次感设计的详细分析。

1.高度变化：通过不同高度的植物、构筑物或地形营造空间的层次感。高大的乔木与低矮的灌木相结合，能够形成垂直方向上的对比和变化。同时，利用地形的高低起伏，可以创造出富有动感和层次感的景观空间。

2. 材质对比：运用不同材质的元素营造空间的层次感。比如，将粗犷的自然石材与光滑的混凝土材质相搭配，通过材质的反差强化空间的层次感。此外，植物的不同质感也能为空间增添层次感，如粗糙的树皮与柔软的叶片的对比。

3. 色彩搭配：色彩是营造空间层次感的重要手段。通过色彩的明暗、冷暖、饱和度的对比，可以创造出丰富的空间层次。例如，在植物配置上，利用不同色彩的花卉和叶片进行搭配，可以形成色彩丰富、层次分明的景观效果。

4. 虚实结合：在景观设计中，虚实结合是营造空间层次感的有效方法。实体元素（如建筑、构筑物、植物等）与虚体元素（如光影、水面、雾气等）的相互衬托，可以创造出富有层次感和深邃感的景观空间。

### （四）空间布局中的比例与尺度

比例与尺度是空间布局中的重点考虑因素，它们直接影响着景观的整体效果和人们的感受。以下是关于比例与尺度的详细分析。

1. 比例协调：在景观设计中，要充分考虑各种元素之间的比例关系，确保它们之间的协调与统一。例如，在植物配置上，要注意乔木、灌木、地被植物的比例关系，避免出现头重脚轻或比例失调的情况。

2. 尺度适宜：尺度的选择应根据景观空间的规模和用途进行确定。过大的尺度可能使人感到空旷和单调，过小的尺度则可能使人感到拥挤和压抑。因此，设计师需要根据实际情况选择合适的尺度，打造舒适、宜人的景观空间。

3. 比例与尺度的统一：在景观设计中，要保持比例与尺度的统一和协调。不同元素应相互呼应、相互衬托，形成统一的整体效果。同时，在尺度的选择上也要考虑景观元素与同周围环境的协调与统一，避免出现突兀或不协调的情况。

总之，空间布局是景观设计至关重要的环节。设计师通过遵循功能性、美观性、生态性和安全性等原则，灵活运用轴线布局法、网格布局法、自由布局法和综合布局法等方法，结合层次感设计、比例与尺度的考虑，可以创造出既满足人们的功能需求，又具有独特风格和魅力的景观空间。

## 三、空间布局与植物景观的融合

在景观设计中，空间布局与植物景观的融合是创造和谐、自然、美观环境的重要手段。植物作为景观设计的重要元素，其形态、色彩、质地等特性与空间布局紧密相关，进而共同形成具有层次感和生态性的景观空间。以下从四个方面分析空间布局与植物景观的融合：

### （一）植物景观与空间功能的融合

植物景观在空间布局中扮演着重要的角色，它能够与空间功能相融合，创造出符合人们使用需求的空间环境。首先，植物景观能够划分空间，将不同功能的区域区分开来，如通过种植绿篱、树阵等方式，将休闲区、运动区、观赏区等分隔开，使每个区域都能满足人们特定的功能需求。其次，植物景观能够强化空间的功能性，如利用植物的遮阴、降噪、净化空气等功能，改善空间环境，提升使用舒适度。最后，植物景观能够为空间增添氛围感，如利用开花植物、色叶植物等，营造出浪漫、温馨、活泼等不同的氛围，使空间更具魅力。

### （二）植物景观与空间形态的融合

植物景观在空间布局中能够与空间形态相融合，带来丰富多样的空间效果。首先，植物景观能够塑造空间形态，如通过种植高大乔木、低矮灌木、地被植物等，形成不同的空间高度和围合感，从而塑造不同的空间形态。其次，植物景观能够强化空间形态，利用植物的形态特点（树形、叶形、花形等）使其与空间形态相呼应，形成统一的整体效果。最后，植物景观能够丰富空间形态，如通过利用植物的不同色彩、质地等特性，增加空间的层次感和深邃感，使空间更加生动、有趣。

### （三）植物景观与空间色彩的融合

色彩是景观设计不可忽视的重要元素，植物景观的色彩特性在空间布局中发挥着重要作用。首先，植物景观能够为空间增添色彩利用开花植物、色叶植物等，营造出丰富的色彩效果，使空间更具活力和吸引力。其次，植物景观能够与空间色彩相协调选择与建筑、小品等景观元素相协调的植物色彩，形成统一的色彩风格，提升景观的整体效果。最后，植物景观能够通过色彩的变化营造不同的空间氛围利用色彩明亮、鲜艳的植物，营造欢快、活泼的氛围；利用色彩柔和、淡雅的植物，营造宁静、舒适的氛围。

### （四）植物景观与空间生态的融合

在现代景观设计中，生态性已成为重要的设计原则之一。植物景观与空间生态的融合是实现景观生态化的重要途径。首先，植物景观能够改善空间生态环境通过种植绿植、设置生态池等方式增加绿量、提高空气质量、调节微气候等，改善空间环境。其次，植物景观能够保护生物多样性利用乡土植物、生态植物等营造适合生物生长的环境，保护生物多样性。最后，植物景观能够实现资源的可持续利用利用植物的生态功能进行雨水收集、净化水源等，实现资源的循环利用。

综上所述，空间布局与植物景观的融合是景观设计不可或缺的一部分。植物景观与空间的功能、形态、色彩和生态的融合，可以创造出既符合人们的功能需求又具有生态性和美观性的景观空间。在实际设计中，设计师应充分考虑植物景观的特性和空间布局的需求，灵活运用设计手法和技巧，实现空间布局与植物景观的完美融合。

## 四、空间布局的优化策略

在景观设计中，空间布局的优化是提升景观整体效果、增强空间功能性和美观性的关键步骤。以下从四个方面分析空间布局的优化策略：

### （一）功能性优化策略

功能性是空间布局优化的首要考虑因素。优化空间布局的首要任务是确保人们对空间的功能性需求得到满足，并提升使用效率。首先，要进行详细的功能需求分析，明确每个空间的主要功能和次要功能，以及它们之间的关联性和互动性。其次，根据功能需求合理划分空间，避免空间功能的重叠和冲突。例如，在公园设计中，休闲区、运动区、儿童游乐区等功能区域，并确保它们之间的便捷联系。最后，考虑人流、车流等交通流线的设计，确保空间的流畅性和安全性。

设计师在制定功能性优化策略的过程中，还需注重空间的灵活性和可变性。随着人们生活方式和需求的变化，其对的功能需求也会发生变化。因此，在设计中应预留一定的灵活性，以便后期空间的调整和优化。例如，通过采用可移动式设施、多功能性空间等手段，使空间能够适应人们功能需求的变化。

## （二）美观性优化策略

美观性是空间布局优化的重要目标之一。优化空间布局应注重空间的审美效果和视觉感受，创造出令人愉悦、舒适的景观环境。首先，要注重空间的构图和比例关系，确保空间布局的协调性和整体性。通过合理的构图手法，如对称、平衡、对比等，使空间呈现和谐统一的美感。其次，要注重空间的色彩搭配和材质选择，通过色彩和材质的对比与呼应，增强空间的层次感和立体感。最后，需考虑光影、水景、雕塑等景观元素的运用，为空间增添亮点和特色。

在美观性优化策略的制定过程中，还需注重空间的细节处理。细节决定成败，一个优秀的设计师往往注重细节的处理和打磨。例如，在植物配置上，应注重植物的形态、色彩、质地等特性的选择和搭配，以及植物与建筑、小品等景观元素的相互衬托和呼应。同时，需注重空间的细节设计，如灯具、座椅、垃圾桶等小品的选择和布置，以提升空间的品质和舒适度。

## （三）生态性优化策略

生态性是空间布局优化的重要原则之一。优化空间布局时应注重生态保护和可持续发展，以创造出具有生态效益的景观环境。首先，要充分考虑场地的自然环境特征，如地形、气候、植被等，并遵循生态规律进行空间布局。例如，在山地景观的设计中，应充分利用地形高差，避免大规模土方开挖和植被破坏。其次，要注重生态功能的实现，如通过植物配置、水体设计等手段，实现空气净化、水源涵养、生物多样性保护等生态功能。最后，需注重生态材料和技术的应用，如采用环保材料、节能技术等手段，降低景观建设对环境的负面影响。

## （四）人性化优化策略

人性化是空间布局优化的重要方向之一。优化空间布局时应注重人的需求和感受，创造出符合人们生活习惯和心理需求的景观环境。首先，要进行深入的人群需求分析，了解不同年龄、性别、文化背景人群的需求和偏好。其次，根据人群需求合理设置空间设施和服务设施，如设置足够的座椅、照明设施、卫生设施等，以满足人们的基本需求。再次，需注重空间的舒适性和安全性设计，如设置防滑地砖、防护栏杆等设施，确保人们在使用空间时的安全和舒适。最后，需注重空间的互动性和参与性设计。互动性和参与性是提升空间使用价值与人们满意度的重要手段。设计师可通过设计互动性强的景观元素和活动空间，如设置儿童游乐设施、健身器材等，鼓励人们积极参与活动，提升空间的活力和吸引力。

# 第四章　园林植物的种植布局

## 第一节　种植布局的基本要素

### 一、种植布局的目的与要求

种植布局是园林设计至关重要的一环，它直接影响到园林的景观效果、生态效益和人们的使用感受。因此，明确种植布局的目的与要求对于设计出优秀的园林作品至关重要。以下从四个方面分析种植布局的目的与要求：

### （一）创造美观的景观效果

园林植物种植布局的首要目的是创造美观的景观效果。合理的植物配置和布局，可以打造出丰富多样、层次分明的景观空间，使人们在欣赏园林时能够收获美。在种植布局方面，应充分考虑植物的形态、色彩、质地等特性，以及它们之间的搭配和组合，以形成和谐统一、自然流畅的景观效果。

首先，要注重植物的形态美。不同的植物具有不同的形态特点，如树形、叶形、花形等，合理的植物搭配和组合，可以形成丰富多样的景观形态。例如，利用乔木的高大挺拔和灌木的圆润丰满，可以打造出层次分明的景观空间。

其次，要注重植物的色彩美。植物的色彩是园林景观中不可或缺的元素之一，植物色彩的对比和呼应，可以提升景观的视觉效果。在种植布局方面，应充分考虑植物的季相变化和色彩搭配，以形成色彩丰富、层次分明的景观效果。例如，在春季利用樱花、桃花等开花植物营造出繁花似锦的景观效果，在秋季利用银杏、枫叶等色叶植物营造出金黄色的秋日景观。

最后，要注重植物的质地美。植物的质地是指其叶片、枝干等部分的触感和视觉效果。不同质地植物的搭配，可以形成丰富多样的景观效果。例如，使柔软的草坪和粗糙的岩石，可以营造出一种粗犷与细腻相结合的景观效果。

## （二）营造舒适的生态环境

园林植物种植布局的另一个重要目的是营造舒适的生态环境。植物是园林生态系统的重要组成部分，它们通过光合作用等过程能产生为环境提供氧气、净化空气、降低噪声等生态效益。在种植布局方面，应充分考虑植物的生态功能，选择具有良好生态效益的植物种类和配置方式。

首先，要选择适应性强、生长良好的植物种类。这些植物能够迅速生长并形成茂密的植被层，为环境提供有效的保护。同时，它们还能够适应不同的环境条件，保证园林生态系统的稳定性和可持续性。

其次，要注重植物配置的生态效益。在种植布局方面，应充分考虑植物之间的相互作用和生态关系，设计合理的植物群落结构。例如，利用乔木、灌木、地被植物等植物，形成多层次的植物群落结构，提高生态系统的稳定性和生态效益。

最后，应该注重植物的季相变化和生态过程。通过选择具有不同季相变化的植物种类和配置方式，营造出四季有景、季相分明的景观效果。同时，应注重植物的生态过程，如利用湿地植物净化水源、利用攀爬植物进行垂直绿化等，以进一步提高园林生态系统的生态效益。

## （三）满足人们的休闲需求

园林是人们休闲娱乐的重要场所之一，设计师在方面应充分考虑人们的休闲需求，应创造适合人们活动的空间环境，提供舒适、安全、便利的休闲设施。

## （四）传承与发展园林文化

园林植物是园林文化的重要载体之一，其种植布局应充分考虑文化的传承与发展。合理的植物配置和布局，可以展现出园林文化的内涵和特色，促进园林文化的传承和发展。

首先，要注重园林植物的文化价值。在种植布局方面，应充分考虑植物的文化寓意和象征意义，选择具有文化内涵的植物种类和配置方式。例如，在园林中种植梅花、竹子等具有中华优秀传统文化特色的植物种类，可以展现园林的文化内涵和特色。

其次，要注重园林植物的科普教育功能。在种植布局方面，可以设置植物科普展示区等场所，向游客介绍植物的知识和故事，增强人们的植物意识和环保意识。同时，可以通过开展植物科普活动等方式，进一步促进园林文化的传承和发展。

综上所述，园林植物的种植布局的目的与要求是多方面的，设计师需要在美观、生态、休闲和文化等方面进行综合考虑。只有满足这些要求，设计师才能设计出优秀的园林作品，为人们提供舒适、美观、宜人的休闲环境。

## 二、种植布局的基本要素分析

### （一）植物选择

在园林植物的种植布局上，植物的选择非常重要。植物的选择直接决定了园林的整体风格、生态功能和景观效果。在进行植物选择时，需要综合考虑以下几个方面。

1.生态适应性：选择适应当地气候、土壤等生态条件的植物种类，确保植物健康生长并长期保持良好的景观效果。同时，注重乡土植物的应用，体现地方特色。

2.景观效果：考虑植物的形态、色彩、花期、季相变化等因素，选择具有观赏价值的植物种类，营造丰富多样的园林景观。通过不同植物的搭配和组合，形成层次分明、色彩丰富的景观效果。

3.生态功能：注重植物的生态效益，选择具有空气净化、降噪、降温等功能的植物种类。通过植物的合理配置，提升园林的生态环境质量，为人们提供健康舒适的休闲环境。

4.经济性：在选择植物时，需考虑其经济成本。根据园林项目的预算和规模，选择价格适中、易于养护的植物种类，确保园林项目的可持续发展。

### （二）空间布局

空间布局是种植布局的另一个基本要素。设计师应通过合理的空间布局，充分利用场地条件，创造出符合人们审美需求和功能需求的园林空间。在进行空间布局时，需要注意以下几个方面。

1. 功能性分区：根据人们对园林的功能，将场地划分为不同的功能区域，如入口区、休闲区、观赏区等。通过合理的功能性分区，满足人们的不同需求，提高园林的使用效率。

2. 景观轴线与节点：确定园林的景观轴线和重要节点，通过植物的配置和布局，强化景观轴线和节点的视觉效果。同时，利用植物的形态和色彩变化，引导人们的视线和行动路线。

3. 空间层次与尺度：通过植物的配置和布局，形成丰富的空间层次和尺度变化。利用乔木、灌木、地被植物等不同层次的植物，营造空间上的深远感和层次感。同时，注意植物的尺度与场地尺度的协调关系，确保园林空间的整体性和与谐性。

4. 开放性与私密性：在空间布局中，需要平衡开放性与私密性的关系。通过植物的配置和布局，形成既开放又相对私密的空间环境，满足人们不同的社交和休闲需求。

## （三）种植形式

种植形式是种植布局的具体表现手段。不同的种植形式，可以营造出不同的景观效果和空间氛围。常见的种植形式包括以下几种：

1. 孤植：将一株植物单独种植在场地中，形成独立的景观焦点。孤植的植物通常为形态优美、观赏价值高的种类。

2. 列植：将多株植物按照一定的序列排列种植，形成整齐划一的景观效果。列植常用于行道树、绿篱等场景的创建。

3. 群植：将多株植物组合在一起种植，形成具有一定规模的植物群落。群植可以营造出丰富的景观层次，并带来生态效益。

4. 丛植：将多株植物种植在一起，形成紧密的植物群体。丛植常用于营造自然、野趣的景观效果。

## （四）植物与环境的融合

在种植布局中，植物与环境的融合是至关重要的。植物与环境的融合，可以创造出自然、和谐、统一的园林景观。在融合过程中,需要注意以下几个方面。

1. 尊重自然环境:在种植布局上,应尊重场地的自然环境特征,如地形、水体、土壤等。通过合理的植物配置和布局,使景观与自然环境相协调,从而营造出自然、生态的景观效果。

2. 强调整体效果:在种植布局上,应注重植物与环境的整体效果。通过植物的形态、色彩、质地等特性与环境的融合,形成统一、协调的景观效果。

3. 营造和谐氛围:在种植布局上,应注重植物与环境的和谐氛围的营造。通过植物的配置和布局,营造出宁静、舒适、宜人的休闲环境,以满足人们的休闲需求。

4. 体现文化内涵:在种植布局上,应注重文化内涵的体现。通过选择具有文化内涵的植物种类和配置方式,展现园林的文化底蕴和特色,促进园林文化的传承和发展。

## 三、基本要素在种植布局中的应用

### (一)植物选择在种植布局中的应用

植物的选择是构建整体景观的基石。选择合适的植物种类,不仅能满足生态适应性和景观效果的要求,还能体现园林的特色和文化内涵。

1. 生态适应性的应用:在选择植物时,首先要考虑其生态适应性。根据园林所在地的气候、土壤、光照等条件,选择能够健康生长的植物种类。这样不仅能保证植物的成活率,还能使园林呈现出自然、生态的景观风貌。同时,注重乡土植物的应用,使园林更好地融入当地环境,从而增强园林的地域特色。

2. 景观效果的应用:植物的选择应考虑其景观效果。通过选择具有观赏价值的植物种类,如形态优美的乔木、色彩丰富的花卉等,营造出丰富多样的园林景观。同时,应注重植物的季相变化,如春季的繁花似锦、秋季的硕果累累等,使园林在不同季节呈现不同的美景。

3. 生态功能的应用:在选择植物时,应注重其生态功能。如选择具有空气净化、降噪、降温等功能的植物种类,以提升园林的生态环境质量,为人们提供健康舒适的休闲环境。同时，利用植物的生态特性，如根系固土、枝叶遮阴等，来提高土壤质量、调节微气候等。

4.经济性的应用：在选择植物时，需考虑其经济成本。根据园林项目的预算和规模，选择价格适中、易于养护的植物种类。这样既能保证园林的景观效果，又能降低维护成本，实现园林的可持续发展。

## （二）空间布局在种植布局中的应用

空间布局是种植布局的重要环节，它决定了园林的整体结构和景观效果。合理的空间布局，可以使园林呈现层次丰富、功能明确、美观协调的景观风貌。

1.功能性分区的应用：根据人们对园林的功能，将场地划分为不同的功能区域，如入口区、休闲区、观赏区等。合理的功能性分区，可以满足人们的不同需求，提高园林的使用效率。同时，注重各功能区域之间的衔接和过渡，使整体空间布局更加流畅自然。

2.景观轴线与节点的应用：在园林设计中，景观的轴线和节点是构成整体景观框架的重要元素。确定景观轴线和重要节点，可以明确园林的视觉效果和空间导向。设计师在在种植布局方面，应利用植物的配置和布局，强化景观轴线和节点的视觉效果，形成引人注目的景观焦点。

3.空间层次与尺度的应用：植物的配置和布局，形成丰富的空间层次和尺度变化。例如，利用乔木、灌木、地被植物等不同层次的植物，营造空间上的深远感和层次感。同时，注意植物尺度与场地尺度的协调关系，确保园林空间的整体性与和谐性。

4.开放性与私密性的应用：在种植布局上，需要平衡开放性与私密性的关系。设计师应通过植物的配置和布局，营造既开放又相对私密的空间环境。在开放区域，利用低矮的植物或草坪等软质景观元素，营造出开阔、通透的视觉效果；在私密区域，利用高大的乔木或灌木等硬质景观元素，营造相对封闭、安静的空间氛围。

## （三）种植形式在种植布局中的应用

种植形式是设计师在种植布局方面具体表现植物美感和实现设计目标的

重要手段。不同的种植形式能够营造不同的景观效果和空间氛围，进一步提升园林的视觉效果和增强人们的体验。

1. 孤植的应用：在种植布局中，孤植常用于强调某一植物个体的形态美或形成视觉焦点。通过精心选择孤植植物，如造型奇特的树木或色彩鲜艳的花卉，设计师可以吸引人们的视线，增加景观的亮点。同时，孤植可以用于点缀空间，打破单调的景观布局，提升景观的层次感和变化性。

2. 列植的应用：在种植布局中，列植常用于营造整齐划一、庄严肃穆的景观效果。例如，人在行道等场景，通过列植的形式将植物整齐地排列，形成一条笔直的绿色通道，给人们带来整齐、有序的视觉感受。此外，列植可以用于分隔空间、引导视线等，使园林空间更加清晰、明确。

3. 群植的应用：在种植布局中，群植常用于营造自然、野趣的景观效果。不同种类植物的组合搭配，可以形成具有一定规模的植物群落，营造出丰富多样的景观层次和强化景观的生态功能。同时，群植可以用于塑造地形、遮挡视线等，以增强园林的趣味性和变化性。

4. 丛植的应用：在种植布局中，丛植常用于营造紧密、浓密的植物群体效果。选择具有相似形态和色彩的植物进行丛植，可以形成一个整体感较强的植物景观，提升园林的视觉效果和冲击力。同时，丛植可以用于填补空间、增加绿量等，以提高园林的生态效益和景观质量。

### （四）植物与环境的融合在种植布局中的应用

在种植布局中，植物与环境的融合是实现园林整体和谐统一的关键。设计师应通过充分考虑植物与环境的相互关系，使植物更好地融入环境，从而营造出自然、协调的景观效果。

1. 尊重自然环境的应用：在种植布局中，应尊重场地的自然环境特征，如地形、水体、土壤等，通过选择合适的植物种类和种植形式，使植物与自然环境相协调，形成自然、生态的景观风貌。同时，注重保护场地的生态环境，避免过度开发和破坏自然环境。

2. 强调整体效果的应用：在种植布局中，应注重植物与环境的整体效果，通过植物的配置和布局，使植物与周围的建筑、道路、水体等景观元素相协调，形成统一、和谐的景观效果。同时，注重植物与环境的色彩搭配和形态呼应，使整体景观更加协调、美观。

3. 营造和谐氛围的应用：在种植布局中，应注重营造植物与环境的和谐氛围，通过选择合适的植物种类和种植形式，营造宁静、舒适、宜人的休闲环境。同时，注重植物与环境的情感联系和文化内涵的表达，使人们在欣赏园林时，能够产生一种情感上的共鸣和文化上的认同。

4. 体现文化内涵的应用：在种植布局中，应注重体现园林的文化内涵，通过选择具有文化内涵的植物种类和配置方式，展现园林的文化底蕴和特色。同时，注重植物与环境的文化象征和寓意表达，使人们在欣赏园林时能够感受到一种文化层面的熏陶和启迪。

## 四、种植布局的合理性评估

### （一）生态适应性的评估

在评估种植布局的合理性时，生态适应性是首要考虑的因素。生态适应性是指植物在特定环境中的生长状况和生存能力。评估种植布局的合理性，需要分析植物种类与土壤、气候、光照等环境因素的匹配程度。

1. 土壤适应性评估：分析土壤的类型、pH 值、养分含量等因素，评估所选植物对土壤条件的适应性。土壤适应性良好的种植布局能够确保植物健康生长，减少病虫害的发生，提高园林的生态效益。

2. 气候适应性评估：考虑当地的气候特点，如温度、湿度、降雨量等，评估植物对气候条件的适应性。选择适应当地气候的植物种类，可以确保植物在四季中都能保持良好的生长状态，从而提升园林的观赏价值。

3. 光照适应性评估：光照是植物生长的重要条件之一。评估种植布局中植物的光照适应性，需要分析植物对光照强度、光照时间等因素的需求。合理的光照布局可以确保植物获得足够的光照，促进植物光合作用，提高生长质量。

4. 生态关系评估：在种植布局中，植物之间以及植物与动物、微生物之间的关系是需要考虑的因素。评估植物之间的相互作用，如竞争、共生等，以及植物对动物、微生物的影响，可以确保种植布局的生态平衡和稳定性。

## （二）功能性评估

功能性评估是种植布局合理性评估的重要方面。功能性评估主要关注种植布局是否能够满足园林的功能需求，包括观赏、休闲、娱乐等。

1. 观赏功能评估：评估种植布局中的植物种类、色彩、形态等因素是否能够营造美观、和谐的景观效果；同时，考虑植物的季节性变化，评估种植布局在不同季节的观赏价值。

2. 休闲功能评估：分析种植布局是否能够提供舒适、宜人的休闲环境；考虑园林的空间布局、设施设置等因素，评估种植布局是否能够满足人们的休闲需求，并是否能够提供足够的休息、交流空间。

3. 娱乐功能评估：评估种植布局中是否包含娱乐元素，如游乐设施、景观小品等；同时，考虑植物与娱乐设施的协调性，确保整体景观的和谐统一。

4. 功能性分区评估：评估种植布局中的功能性分区是否合理，是否能够满足人们对不同功能区域的需求；考虑各功能区域之间的衔接和过渡，确保整个功能区的协调性和连贯性。

## （三）经济性评估

经济性评估是种植布局合理性评估的重要组成部分。经济性评估主要关注种植布局的成本和效益，包括植物的购买成本、养护成本以及园林的观赏价值和生态效益等。

1. 成本分析：分析种植布局中植物的购买成本、种植成本以及后续的养护成本等。合理的成本控制可以降低园林的建设和维护成本，提高经济效益。

2. 效益分析：评估种植布局的经济效益和生态效益，考虑园林的观赏价值、休闲价值以及生态功能等因素，分析种植布局对社会和环境的贡献程度。

3. 成本效益比分析：通过对比种植布局的成本和效益，分析成本效益比是否合理。合理的成本效益比可以确保园林的可持续发展，为社会和环境带来长期效益。

4. 经济性优化建议：根据成本效益比分析的结果，提出经济性优化建议；通过优化植物选择、种植形式等要素，降低园林的建设和维护成本，提高其经济效益和生态效益。

### （四）可持续性评估

可持续性评估是种植布局合理性评估的重要方面。可持续性评估主要关注种植布局是否具备长期可持续的发展能力，包括生态可持续性、社会可持续性和经济可持续性。

1. 生态可持续性评估：评估种植布局对生态环境的影响和贡献程度，分析种植布局中植物的生态功能、生物多样性等因素，确保园林的生态系统稳定、健康。

2. 社会可持续性评估：评估种植布局对社会的影响和贡献程度。考虑园林对人们休闲、娱乐等需求的满足程度，以及对社区文化的贡献等因素，确保园林能够持续满足社会需求并促进社区发展。

3. 经济可持续性评估：评估种植布局的经济可持续性，分析园林的经济效益、成本效益比等因素，以及未来可能的经济增长点和发展趋势，确保园林的经济发展具有长期性和稳定性。

4. 可持续性提升建议：根据可持续性评估结果，提出可持续性提升建议。通过优化种植布局、加强养护管理、推广生态理念等措施，提升园林的可持续性水平，并为其未来发展奠定基础。

# 第二节　植物群落的构建

## 一、植物群落的定义与特征

### （一）植物群落的定义

植物群落，又称"植物社区"，是指在一定时间内占据一定空间的，相互之间有直接或间接联系的各种植物的总和。它是植物与植物之间、植物与环境之间相互作用、相互依存而形成的具有一定结构和功能的复合体。植物群落的形成是植物在长期自然选择和适应环境的的过程中，通过竞争、共生等相互作用关系，逐渐形成的稳定生态系统。

对于植物群落的定义，我们可以从以下几个方面进行阐述。

1. 时间性：植物群落的形成是一个长期的过程，它随着时间的推移而逐渐发展、演替。这种时间性使植物群落具有历史性和动态性，能够反映出植物与环境相互作用的历史轨迹。

2. 空间性：植物群落占据一定的空间范围，这种空间性使植物群落具有地域性和边界性。不同地域的植物群落因其环境条件的差异而表现出不同的特征和结构。

3. 相互关联性：植物群落中的植物之间以及植物与环境之间存在着直接或间接的联系。这种相互关联性使植物群落具有整体性和复杂性，能够形成独特的结构和功能。

4. 生态系统性：植物群落是一个完整的生态系统，它包括生产者（植物）、消费者（动物）和分解者（微生物）等生物成分以及非生物成分（如土壤、气候等）。这些成分相互依存、相互作用，共同维持着植物群落的稳定和繁荣。

## （二）植物群落的特征

植物群落作为一个复杂的生态系统，具有以下几个显著特征。

1. 种类组成多样性：植物群落中通常包含多种植物种类，这些植物在形态、生理、生态等方面存在差异。种类组成多样性使植物群落具有更强的适应性和稳定性，能够在不同的环境条件下生存和繁衍。

2. 结构层次性：植物群落的结构通常具有层次性，包括乔木层、灌木层、草本层等。结构层次性使植物群落能够充分利用空间资源，提高光能利用率和物质循环效率。

3. 功能完整性：植物群落作为一个完整的生态系统，具有多种生态功能，如净化空气、调节气候、保持水土等。这些功能对于维护生态平衡和保障人类福祉具有重要意义。

4. 动态演替性：植物群落是一个动态变化的系统，它会随着时间的推移而逐渐演替。动态演替性使植物群落能够适应环境变化，保持生态系统的稳定性和可持续性。

在详细分析植物群落的特征时，我们可以结合具体的实例和数据。例如，通过对比不同地域的植物群落的种类组成和结构层次，揭示植物群落多样性和层次性的具体表现；通过分析植物群落的生态功能，评估其在维护生态平衡和保障人类福祉方面的作用；通过观察植物群落的演替过程，了解植物群落如何适应环境变化并维持生态系统的稳定性。

### （三）植物群落的构建过程

植物群落的构建过程是一个复杂而精细的生态过程，它涉及植物种类的选择、生长、繁殖以及植物与环境之间的相互作用等方面。以下是从生态学和生物学的角度对植物群落构建过程的详细分析。

1. 物种的选择与引入：在植物群落的构建初期，首先需要根据环境条件和设计目标选择适合的植物种类。这些植物种类应该能够适应当前的环境条件，并能在未来形成稳定的群落结构。其次，通过人工引入或自然扩散等方式，将选定的植物种类引入目标区域。这一过程需要充分考虑植物的生长习性、生态位及其与其他物种的相互作用关系。

2. 植物的生长与竞争：在引入植物后，它们将开始生长并与其他植物竞争资源（如光照、水分、养分等）。竞争的结果将影响植物的存活率和生长速度，进而影响群落的结构和组成。在这个过程中，一些具有竞争优势的植物种类将逐渐占据主导地位，形成群落的主体结构。那些竞争力较弱的植物种类则可能被淘汰或形成亚群落。

3. 植物的繁殖与扩散：随着时间的推移，植物将通过繁殖与扩散的方式进一步丰富群落的物种组成。繁殖方式包括有性繁殖和无性繁殖两种形式，二者具有不同的生态学意义。有性繁殖通过种子传播实现植物的远距离扩散，有助于植物种群在不同环境条件下的适应和演替；无性繁殖通过分株、匍匐茎等方式实现植物的近距离扩散，有助于植物种群在局部环境条件下的扩张和巩固。

4. 植物与环境的相互作用：植物群落的构建过程不仅受到植物种类之间的竞争和扩散的影响，还受到环境因素的制约。气候、土壤、地形等环境因素对植物群落的构建具有重要影响。例如，气候因素通过影响植物的生长速度和繁殖周期，影响群落的构建过程；土壤因素通过提供植物生长所需养分和水分，影响群落的物种组成和结构。

5. 群落结构的稳定与演替：经过一段时间的演替和发展，植物群落将逐渐形成一个相对稳定的结构。这个结构能够在一定程度上抵抗外界干扰和环境变化的影响，维持群落的稳定性和可持续性。然而，随着环境条件的改变和植物种群的更新迭代，植物群落也将发生进一步的演替和变化。这种演替和变化是植物群落适应环境变化、实现自我更新和发展的重要途径。

### （四）植物群落构建的影响因素

植物群落的构建不仅受到自然因素的影响，还受到一系列人为因素的深刻影响。这些因素可能直接或间接地作用于植物群落，从而影响其构建过程和最终的结构特征。

1. 人为干扰：人类活动对植物群落的干扰是最为显著的人为因素之一。一方面，这种干扰既可以表现为直接的物理破坏，如砍伐、开垦等，也可以表现为间接的生态影响，如污染排放、水资源调配等。这些干扰行为往往导致植物群落的破坏、退化或结构变化。另一方面，人类可以通过合理的规划和管理措施，促进植物群落的构建和恢复。例如，植树造林、生态修复等措施可以提升植物群落的多样性和稳定性。

2. 引入外来物种：随着全球化和贸易的发展，外来物种的引入成为影响植物群落构建的重要因素之一。外来物种可能通过自然扩散或人为引入的方式进入新的生态系统，对原有植物群落的结构和稳定性产生显著影响。外来物种的引入可能导致本地物种的消失或数量减少，破坏原有群落的生态平衡。同时，一些外来物种可能具有较强的竞争力和适应性，从而成为优势物种，进一步改变群落的结构和特征。

3. 管理措施：管理措施是影响植物群落构建的重要人为因素之一。不同的管理措施可能对植物群落产生不同的影响。例如，过度的放牧可能导致草地退化，降低植物群落的多样性和稳定性；适当的轮牧和补播则可以促进草地的恢复和更新。此外，森林采伐、农业耕作等管理措施也可能对植物群落的结构和特征产生影响。因此，在制定管理措施时，需要充分考虑其对植物群落的影响。

4. 社会文化和经济因素：社会文化和经济因素是影响植物群落构建的重要因素之一。不同的社会文化和经济背景可能导致对植物群落的不同需求和利用方式。例如，有的地区可能更加注重植物群落的保护和恢复，有的地区则可能更加关注植物资源的开发和利用。这些社会文化和经济因素可能导致对植物群落的不同管理方式和策略，进而影响植物群落的构建过程和最终的结构特征。

综上所述，植物群落的构建是一个复杂而精细的过程，受到自然因素和人为因素的共同影响。在理解和预测植物群落的构建过程时，需要充分考虑这些影响因素的相互作用关系。同时，需要采取合理的措施保护和管理植物群落，维护其多样性和稳定性，从而促进生态系统的健康和可持续发展。

## 二、植物群落的构建原则

### （一）生态适应性原则

在植物群落的构建过程中，首要考虑的是生态适应性原则。这一原则强调植物种类的选择应基于其对当地环境的适应性和生存能力。生态适应性不仅涉及植物对光照、温度、水分、土壤等物理因素的适应性，还包括植物对生物因素（如病虫害、共生关系等）的适应性。

1.物种选择：在选择植物种类时，应优先选择适应当地生态环境的物种，避免引入不适应当地环境的外来物种。这有助于确保植物群落的稳定性和可持续性。

2.群落结构：在构建植物群落时，应充分考虑物种之间的生态位关系，合理安排乔木层、灌木层、草本层等层次结构，以促进资源的合理利用和生态系统的稳定。

3.群落演替：尊重自然演替规律，避免人为过度干预。在植物群落构建过程中，应允许自然选择和竞争机制发挥作用，逐步筛选出适应当地环境的优势物种。

生态适应性原则的实现，需要深入了解当地生态系统的特点和需求，通过科学研究和实地考察，确定合适的植物种类和群落结构。同时，需要加强对植物群落构建过程的监测和评估，确保生态适应性原则的贯彻实施。

### （二）生物多样性原则

生物多样性是生态系统稳定性和功能性的重要保障。在植物群落的构建过程中，应充分考虑生物多样性的维护和提高。

1.物种多样性：通过引入不同种类的植物，提高植物群落的物种多样性。

这有助于提高生态系统的稳定性和恢复能力，减少病虫害的发生和传播。

2.遗传多样性：在引入植物种类时，应关注其遗传多样性。选择具有不同遗传背景的植株进行引入和繁殖，有助于提高植物群落的遗传多样性，以及生态系统的适应性和抗逆性。

3.生态系统多样性：除物种多样性和遗传多样性外，还应关注生态系统的多样性。在构建植物群落时，应充分考虑不同生态系统类型（如森林、草原、湿地等）的需求和特点，引入多样化的生态系统。

生物多样性原则的实现，需要加强对生物多样性的保护和恢复工作，通过制定科学合理的保护策略和管理措施，减少人类活动对生物多样性的影响和破坏。同时，需要加强对生物多样性的监测和评估工作，以及时发现和解决生物多样性降低的问题。

## （三）可持续性原则

可持续性原则强调在植物群落的构建过程中，应充分考虑生态系统的可持续性和长期稳定性。

1.长期效益：在植物群落的构建过程中，应关注其长期效益而非短期利益，通过选择适应当地环境的植物种类和群落结构，确保植物群落的可持续性和长期稳定性。

2.生态系统服务：植物群落作为生态系统的重要组成部分，为人类提供了许多生态系统服务（如水源涵养、碳储存、生物多样性保护等）。在构建植物群落时，应充分考虑其生态系统服务功能的发挥和维持。

3.资源整合：在植物群落的构建过程中，应充分整合各种资源（如土地资源、水资源、人力资源等），实现资源的高效利用和合理配置，通过科学合理的规划和设计，减少资源浪费和环境污染。

可持续性原则的实现，需要加强对植物群落构建过程的规划和管理，通过制定科学合理的规划和设计方案，确保植物群落的可持续性和长期稳定性。同时，需要加强对植物群落构建过程的监测和评估工作，以及时发现和解决问题。

## （四）和谐共生原则

在植物群落的构建过程中，和谐共生原则强调不同物种之间的互利共生关系，以及植物与环境之间的和谐统一。这一原则不仅有助于提升植物群落的稳定性和多样性，还能促进整个生态系统的健康和繁荣。

1.种间关系：在植物群落中，不同物种之间存在着复杂的种间关系，包括竞争、共生、寄生等。在构建植物群落时，应充分考虑这些种间关系，选择能够相互促进、和谐共生的植物种类。例如，通过引入能够固氮或改善土壤结构的植物种类，促进植物群落的营养循环和土壤健康。

2.群落结构：在植物群落的构建过程中，应注重群落结构的合理性。通过合理配置乔木层、灌木层、草本层等层次结构，以及合理安排植物种类在空间上的分布，促进植物群落的和谐共生。这种合理的群落结构有助于减少种间竞争，提高资源利用效率，同时，增强植物群落的稳定性和抗逆性。

3.环境适应性：和谐共生原则强调植物与环境之间的和谐统一。在构建植物群落时，应充分考虑当地环境的特点和需求，选择适应当地环境的植物种类和群落结构。这种适应性不仅体现在植物对物理因素的适应性上，还体现植物在对生物因素的适应性上。应通过引入与当地生态系统相适应的植物种类，促进植物群落与环境的和谐共生。

4.人类活动的影响：在植物群落的构建过程中，需要考虑人类活动的影响。人类活动往往会对植物群落造成不同程度的干扰和破坏。因此，在构建植物群落时，应充分考虑人类活动的影响，并采取相应的措施减少这种影响。例如，在规划城市绿地时，应充分考虑绿地与周围环境的协调性与和谐性，避免过度开发和破坏绿地生态环境。

和谐共生原则的实现需要综合考虑多种因素，包括物种选择、群落结构、环境适应性以及人类活动的影响等。科学合理的规划和设计，可以促进植物群落内部的和谐共生，提高生态系统的稳定性和健康水平。同时，需要加强对植物群落构建过程的监测和评估工作，以及时发现和解决问题，确保和谐共生原则的贯彻实施。

### 三、植物群落的类型与选择

#### （一）植物群落类型的认识

植物群落作为生态系统的重要组成部分，类型多样且复杂。了解植物群落的类型对于正确选择和构建植物群落至关重要。植物群落的类型通常根据其物种组成、结构特征、外貌特征和生态功能等方面进行划分。例如，按照植被型划分，可分为森林、草原、荒漠、湿地等；按照生活型划分，可分为乔木群落、灌木群落、草本群落等。每种植物群落类型都有其独特的生态特征和环境要求，因此，在选择植物群落类型时，必须充分考虑当地的气候条件、土壤类型、水文状况等自然因素。

#### （二）植物群落选择的依据

在选择植物群落类型时，需要综合考虑多种因素。首先，要考虑当地的自然条件和生态需求，选择与当地环境相适应的植物群落类型。其次，要考虑植物群落的生态功能和效益，如水源涵养、土壤保持、空气净化等，以满足当地生态系统的需求。最后，要考虑植物群落的景观效果和经济效益，如观赏价值、旅游开发等，以实现植物群落综合效益的最大化。

#### （三）植物群落选择的策略

在选择植物群落类型时，需要遵循一定的策略。首先，要进行详细的现场调查和分析，了解当地的自然条件和生态需求，为植物群落的选择提供科学依据。其次，要对不同植物群落类型的适应性、生态功能和效益进行评估与比较，选择最适合的植物群落类型。最后，要考虑植物群落的稳定性和可持续性，选择能够长期维持稳定状态并适应环境变化的植物群落类型。

在选择植物群落时，还需要注意以下几点：首先，要避免盲目引进外来物种，以免对当地生态系统造成破坏。其次，要充分考虑植物群落的物种多样性和遗传多样性，以保持生态系统的稳定和健康。最后，要注重植物群落的生态连通性，确保不同植物群落之间有生态联系和物质循环。

### （四）植物群落选择的案例分析

为了更好地说明植物群落选择的原则和策略，我们可以结合一些实际案例进行分析。例如，在城市绿地建设中，可以选择适应当地气候和土壤条件的乡土树种与植物群落类型，以营造具有地方特色的城市绿地景观。在生态修复项目中，可以根据受损生态系统的特点和需求，选择具有生态修复功能的植物群落类型，如湿地植物群落、防风固沙植物群落等。这些案例都充分说明了植物群落的重要性和实际应用价值。

总之，植物群落类型的选择是一个复杂而重要的过程。只有充分了解植物群落的类型和特点，依据当地的自然条件和生态需求进行选择，并遵循科学的策略和原则，才能确保植物群落的稳定性和可持续性，为生态系统的健康和繁荣作出贡献。

## 四、植物群落的稳定性与可持续性

### （一）植物群落稳定性的重要性

植物群落的稳定性是生态系统健康和持续发挥功能的基础。一个稳定的植物群落能够在环境变化或外界干扰下保持其结构和功能的相对恒定，为其他生物提供稳定的生存环境和资源。植物群落的稳定性不仅关乎生态系统的健康，也直接关系到人类社会的可持续发展。一个稳定的植物群落能够维持生物多样性、土壤肥力、水源涵养等生态服务功能的正常运作，为人类提供丰富的生态资源和优美的自然环境。

在分析植物群落的稳定性时，我们需要关注群落的物种组成、结构特征、生态过程及其对外界干扰的响应能力等方面。一个稳定的植物群落通常具有较强的物种多样性和复杂的结构层次，能够抵御外界干扰并保持自我恢复能力。此外，植物群落的稳定性还受到其内部生态过程（如营养循环、物种竞争和共生关系等）的调控。

### （二）植物群落可持续性的内涵

可持续性是指在满足当前人类需求的同时，不损害未来世代满足其需求的能力。这种可持续性要求我们在植物群落的管理和利用过程中，充分考虑生态系统的承载能力和恢复能力，确保生态系统的健康和稳定。

植物群落的可持续性涉及多个方面，包括物种多样性的保护、生态功能的维持、资源的合理利用以及人类活动的环境影响等。在植物群落的管理和利用过程中，我们需要遵循生态学原理和可持续发展理念，采取科学的管理措施和技术手段，确保植物群落的稳定性和可持续性。

### （三）植物群落稳定性与可持续性的影响因素

植物群落的稳定性与可持续性受到多种因素的影响。首先，自然因素如气候变化、土壤侵蚀、水资源短缺等都会对植物群落的稳定性与可持续性产生重要影响。这些自然因素的变化可能导致植物群落的物种组成和结构发生变化，进而影响其稳定性和可持续性。

其次，人为因素如过度开发、污染排放、不合理利用等也会对植物群落的稳定性和可持续性造成威胁。人类活动可能破坏植物群落的生态环境和生态过程，导致生态系统功能的退化和丧失。

最后，植物群落内部的生态关系和物种间的相互作用也会影响植物群落的稳定性与可持续性。例如，物种间的竞争和共生关系、营养循环和能量流动等生态过程对于植物群落的稳定性与可持续性具有重要影响。

### （四）提升植物群落稳定性与可持续性的策略

为了提升植物群落的稳定性和可持续性，我们需要采取一系列的策略和措施。首先，要加强植物群落保护的法律法规建设，确保植物群落的合法保护和合理利用。其次，要加强科学研究和监测评估工作，深入了解植物群落的生态过程和稳定性机制，为制定科学合理的保护策略提供科学依据。

此外，我们可以采取生态修复和恢复措施，通过植被重建、土壤改良、水源涵养等手段，改善植物群落的生态环境，维护其生态功能。同时，要加强宣传和教育工作，提高公众对植物群落保护和可持续发展的认识。

最后，要加强国际合作和交流，与其他国家共同应对全球性的生态环境问题，推动植物群落保护和可持续发展的国际合作与共同行动。通过共同努力，我们可以提升植物群落的稳定性和可持续性，为生态系统的健康和人类的可持续发展作出积极贡献。社会

# 第三节　植物的种植密度与空间布局

## 一、种植密度的概念与影响因素

### （一）种植密度的概念

种植密度，是指单位面积上种植的植物数量或植株间的空间距离。在农业、园艺和生态恢复等领域中，种植密度是一项关键的参数。它直接关联到植物的生长状态、产量、品质以及生态系统的结构和功能。种植密度的选择不仅影响植物的生长发育，还关系到土地利用效率、资源利用和经济效益等方面。

### （二）种植密度的影响因素

1. 植物种类与品种特性：不同植物种类对种植密度的需求差异显著。例如，一些高秆作物需要较大的生长空间，种植密度应适当降低；一些矮秆、密集型作物则可以在单位面积上种植更多植株。此外，品种特性如生长习性、分枝能力、抗病虫害能力等也会影响种植密度的选择。

2. 土壤条件：土壤是植物生长发育的基础，土壤肥力、质地、水分状况等都会影响植物的根系发育和地上部分的生长。在肥沃的土壤中，植物生长旺盛，种植密度可适当增加；在贫瘠的土壤中，则需要适当降低种植密度，以保证植物的正常生长。

3. 气候条件：气候条件包括温度、光照、降水等，对植物的生长速度和生长周期有显著影响。在光照充足、温度适宜、降水适中的地区，植物生长迅速，种植密度可适当提高；在光照不足、温度过低、降水过多的地区，则需要适当降低种植密度，以减少生长受限导致产量损失的现象。

4. 栽培技术与管理水平：栽培技术与管理水平是影响种植密度的一个重要因素。先进的栽培技术和精细的管理措施可以提高植物的生长效率与产量，在相同的种植密度下获得更高的收益。反之，栽培技术和管理水平落后则可能导致植物生长不良、病虫害频发等问题，因而需要适当降低种植密度以保证产量和品质。

### （三）种植密度对植物生长发育的影响

合理的种植密度可以促进植物的正常生长发育，提高光合作用效率和资源利用效率。种植密度过高可能导致植物间竞争加剧，影响通风透光条件，提高病虫害发生的风险；种植密度过低则可能导致土地利用率降低，影响产量和经济效益。因此，在实际生产中，需要根据植物种类、品种特性、土壤条件、气候条件、栽培技术和管理水平等因素，选择合适的种植密度。

### （四）种植密度的调整与优化

随着农业科技的发展和栽培技术的进步，种植密度的调整与优化逐渐成为提高作物产量和品质的重要手段。合理调整种植密度，可以优化植物群体的空间结构，改善通风透光条件，降低病虫害发生的风险；可以提高土地利用效率和资源利用效率，实现高产、优质、高效的目标。在实际生产中，应根据具体情况灵活调整种植密度，并结合其他栽培措施和管理措施，实现作物的高产稳产和农业的可持续发展。

## 二、种植密度的确定方法

### （一）基于植物生理特性的确定方法

植物生理特性是确定种植密度的首要考虑因素。不同植物种类和品种在生长习性、光照需求、水分利用等方面存在差异，这些差异决定了植物对种植密度的适应性。例如，一些高光效作物需要较大的空间以充分利用光能，一些耐阴作物则可以在较小的空间内生长。因此，了解植物的生理特性，包括光合效率、呼吸作用、蒸腾作用等，有助于确定合适的种植密度。

在确定种植密度时，可以通过实验室测定或田间试验的方法，了解植物在不同种植密度下的生理响应。例如，可以测定不同种植密度下植物的光合速率、蒸腾速率和生长速率等指标，以评估种植密度对植物生理特性的影响。根据这些生理特性的测定结果，可以初步确定一个合理的种植密度范围。

## （二）基于土壤和环境条件的确定方法

土壤和环境条件是影响种植密度的第二个重要因素。土壤肥力、水分状况、土壤类型及气候条件等都会对植物的生长和产量产生影响。因此，在确定种植密度时，需要充分考虑土壤和环境条件的影响。

首先，可以通过土壤测试了解土壤的肥力状况，包括有机质含量、氮磷钾等营养元素的含量以及土壤的酸碱度等。这些土壤肥力指标可以反映土壤对植物的供养能力，从而影响种植密度的选择。例如，在肥沃的土壤中，植物生长旺盛，可以适当增加种植密度；在贫瘠的土壤中，则需要适当降低种植密度以保证植物的正常生长。

其次，需要考虑气候条件的影响。温度、光照、降水等气候条件对植物的生长速度和生长周期有显著影响。在气候条件适宜的地区，植物生长迅速，可以适当提高种植密度；在气候条件恶劣的地区，则需要适当降低种植密度以降低植物生长受限的风险。

## （三）基于栽培技术和经济效益的确定方法

栽培技术和经济效益也是确定种植密度的重要考虑因素。先进的栽培技术和精细的管理措施可以提高植物的生长效率与产量，合理的种植密度则可以实现经济效益的最大化。

在确定种植密度时，需要考虑栽培技术的可行性和经济性。例如，可以采用高产栽培技术和机械化作业提高生产效率和产量；同时，需要考虑种植密度对种子、肥料、农药等投入品的需求以及市场价格的波动对经济效益的影响。通过综合考虑栽培技术和经济效益的因素，来确定一个既有利于植物生长又有利于提升经济效益的种植密度。

## （四）基于实践经验和试验结果的确定方法

实践经验和试验结果是确定种植密度的第四个重要因素。在实际生产中，农民和农业技术人员积累了丰富的实践经验，这些经验对于确定种植密度具有重要的参考价值。同时，通过田间试验和示范推广等方式，可以验证不同种植密度下的生产效果和经济效益，为确定合理的种植密度提供科学依据。

在利用实践经验和试验结果确定种植密度时，需要综合考虑多个因素的作用和相互影响。例如，可以比较不同种植密度下的产量、品质、经济效益等指标，选择最优的种植密度方案；可以关注植物的生长状况、病虫害发生情况以及土壤和环境条件的变化等因素对种植密度的影响。通过综合考虑这些因素的作用和相互影响，来确定一个既科学合理又切实可行的种植密度。

## 三、空间布局的原则与技巧

### （一）空间布局的基本原则

空间布局是植物种植中极为重要的一环，它决定了植物的生长环境、资源利用效率以及生态系统的稳定性。在进行空间布局时，需要遵循以下基本原则。

1. 合理利用空间：植物的空间布局应充分利用土地资源，避免浪费。同时，要根据植物的生长习性和需求，合理安排植株间的距离，确保植物充分利用光照、空气和水分等资源。

2. 多样性原则：在空间布局中，应注重植物种类的多样性。不同植物之间的互补作用可以提高生态系统的稳定性和资源利用效率。同时，多样性能增加景观的丰富性和美感。

3. 适应性原则：空间布局应充分考虑植物对环境的适应性。不同植物对光照、温度、水分等环境因素的需求不同，应根据植物的生长习性和需求进行合理布局，确保植物在适宜的环境中生长。

4. 可持续性原则：空间布局应有利于生态系统的可持续发展。在布局过程中，应尽量减少对环境的破坏和污染，保持生态系统的平衡和稳定。同时，应注重资源的循环利用和节约使用，实现生态与经济的双赢。

### （二）空间布局的技巧

1. 层次布局：层次布局是常见的空间布局技巧。合理安排不同高度的植物，可以形成丰富的层次感和立体感。这种布局方式可以充分利用空间资源，提高植物的光合作用效率和资源利用效率。同时，层次布局能增加景观的多样性和美感。

2. 块状布局：块状布局是将同种或相似植物集中种植在一起的布局方式。

这种布局方式有利于植物之间的互补作用和信息交流，提高生态系统的稳定性和资源利用效率。同时，块状布局能方便管理和维护，降低生产成本。

3. 带状布局：带状布局是将不同植物按照一定的顺序和距离种植成带状或条状的布局方式。这种布局方式有利于植物之间的通风和透光，减少病虫害的发生和传播。同时，带状布局能美化环境、提高土地利用率和经济效益。

4. 混合式布局：混合式布局是将不同植物随机或交错种植在一起的布局方式。这种布局方式可以充分利用空间资源，提高生态系统的稳定性和资源利用效率。同时，混合式布局能提升景观的多样性和趣味性，增强人们的观赏体验。

## （三）空间布局与生态功能的关系

空间布局不仅影响植物的生长和景观效果，还与生态系统的功能密切相关。合理的空间布局可以提高生态系统的稳定性和资源利用效率，促进生态系统的健康发展。例如，合理安排植物种类和布局方式，可以提高生态系统的碳汇能力、水源涵养能力和土壤保持能力等。

## （四）空间布局的优化策略

为了进一步优化空间布局，提高生态系统的稳定性和资源利用效率，可以采取以下策略。

1. 引入先进的空间布局理念和技术，如景观生态学、地理信息系统等，为空间布局提供科学依据和技术支持。

2. 加强植物种类和品种的选择和培育工作，选择适应性强、生态效益好的植物种类和品种进行种植。

3. 充分考虑土壤和环境条件的影响，根据植物的生长习性和需求进行合理布局。

4. 加强空间布局的监测和评估工作，及时发现并调整不合理的布局方式，确保生态系统的稳定和可持续发展。

## 四、种植密度与空间布局的协调

### （一）种植密度与空间布局的关系

种植密度与空间布局是植物种植中两个密不可分的因素。种植密度决定了单位面积内植物的数量，空间布局则决定了植物之间的排列方式和相互关系。种植密度与空间布局相互影响、相互制约，共同影响着植物的生长状态、产量、品质以及生态系统的结构和功能。

首先，种植密度与空间布局共同决定了植物的生长环境。种植密度过高会导致植物间竞争加剧，影响通风透光条件，增加病虫害发生的风险；种植密度过低则可能导致土地利用率降低，影响产量和经济效益。同时，空间布局的不合理会影响植物的生长环境，如过于密集的布局会导致植物间相互遮挡，影响光照和通风；过于松散的布局则可能导致资源浪费和生态功能减弱。

其次，种植密度与空间布局的协调可以优化资源配置，提高生产效率。合理安排种植密度和空间布局，可以使植物充分利用光照、空气和水分等资源，提高光合作用效率和资源利用效率。同时，合理的空间布局可以减少病虫害的发生和传播，降低生产成本，提高经济效益。

### （二）种植密度与空间布局协调的方法

1.综合考虑植物特性与环境条件：在选择种植密度与空间布局时，应综合考虑植物的生长习性、需求及环境条件等因素。不同植物对光照、温度、水分等环境因素的需求不同，应根据植物特性选择合适的种植密度与空间布局方式。

2.合理规划土地利用：土地利用规划是种植密度与空间布局协调的基础。在规划过程中，应充分考虑土地资源的有限性和生态系统的稳定性，合理安排土地利用方式和种植结构。优化土地利用规划，可以实现种植密度与空间布局的协调统一。

3.引入现代科技手段：现代科技手段如遥感技术、地理信息系统等可以为种植密度与空间布局的协调提供有力支持。通过这些技术手段，我们可以更加精确地获取土地利用信息和环境信息，为种植密度与空间布局的优化提供科学依据。

### （三）种植密度与空间布局协调对生态系统的影响

种植密度与空间布局的协调对生态系统的结构和功能具有重要影响。合理的种植密度与空间布局可以促进植物之间的互补作用和信息交流，提高生态系统的稳定性和资源利用效率。同时，协调的种植密度与空间布局可以减少病虫害的发生和传播，保护生态环境。此外，通过合理安排种植密度与空间布局，可以增加生态系统的生物多样性，增强生态系统的服务功能。

### （四）种植密度与空间布局协调的实践意义

种植密度与空间布局的协调具有重要的实践意义。首先，它有利于提高农业生产效率和经济效益。优化种植密度和空间布局，可以使植物充分利用资源，提高其产量和品质，降低生产成本。其次，它有利于保护生态环境和农业的可持续发展。协调的种植密度与空间布局可以减少对环境的破坏和污染，保持生态系统的平衡和稳定。最后，它有利于提升景观效果和人们的生活质量。合理安排植物种类和布局方式，可以美化环境、提高景观的多样性和美感，为人们提供舒适宜人的生活环境。

# 第四节　植物的种植层次与结构

## 一、种植层次的概念与意义

### （一）种植层次的概念

种植层次，是指在植物种植过程中，根据植物的生长习性、景观需求及生态功能等因素，将不同种类、高度、形态和生长习性的植物进行有层次、有序列地排列组合。这种排列组合不仅关注植物个体的生长需求，还强调植物群落的整体结构和功能，以实现生态、景观和经济的和谐统一。

种植层次的概念包含了多个维度，如垂直层次、水平层次、时间层次等。垂直层次是指植物在高度上的排列，如乔木层、灌木层、地被层等；水平层次是指植物在平面上的布局，如组团式、带状、块状等；时间层次是指植物在不同生长阶段和季节中的变化，如季相变化、生长节律等。

## （二）种植层次的意义

1. 生态效益：合理的种植层次能够充分利用空间资源，提高生态系统的稳定性和生物多样性。不同层次的植物可以形成复杂的群落结构，有利于生态环境的改善和生物多样性的保护。同时，合理的种植层次能提高生态系统的碳汇能力、水源涵养能力和土壤保持能力等。

2. 景观效果：种植层次的变化可以形成丰富的景观效果，增强景观的层次感和立体感。合理的植物搭配和布局，可以营造出不同的景观氛围和风格，满足人们的审美需求。同时，种植层次的变化能增加景观的多样性和趣味性，增强人们的观赏体验。

3. 经济效益：合理的种植层次能够提高土地利用率和农业生产效率。优化种植结构和布局，可以充分利用土地资源，提高农作物的产量和品质。同时，合理的种植层次能降低生产成本，提高经济效益。

4. 社会效益：种植层次的变化不仅具有生态价值和景观价值，还具有社会效益。合理的植物搭配和布局，可以营造出宜人的居住环境，提高人们的生活质量。同时，种植层次的变化能促进生态环境的改善和生态文化的传播，增强人们的环保意识和生态意识。

## （三）种植层次的生态学原理

种植层次的生态学原理主要包括群落结构原理、生态位原理和生物多样性原理等。群落结构原理强调植物群落的层次性和复杂性，合理的种植层次可以提高生态系统的稳定性和抗干扰能力；生态位原理是指不同植物在生态系统中所占据地位和所起作用不同，合理的种植层次可以实现植物之间的互补和共生；生物多样性原理强调植物种类的多样性对于生态系统的重要性，增加种植层次中的植物种类，可以提高生态系统的生物多样性和稳定性。

## 二、种植层次的设计原则

### （一）因地制宜原则

因地制宜是种植层次设计的首要原则。这一原则强调在植物种植层次的设计过程中，必须充分考虑种植地的自然环境和生态条件，包括气候、土壤、地形、光照、水分等因素。因地制宜意味着在植物的选择上，要优先选择适应当地生态环境的植物种类，确保植物在种植地良好生长。同时，在设计过程中需注意地形地貌的利用，如山体、坡地、水系等自然元素，通过合理的布局和搭配，使植物与自然环境相协调，实现二者和谐共生的目的。

因地制宜的设计原则还有助于降低种植成本和维护成本。选择适应当地环境的植物种类，可以减少对特殊养护措施的需求，减少人力和物力的成本。此外，利用自然地形和元素进行设计，可以节省土地资源和工程成本，提高土地利用率。

在具体实践中，因地制宜原则要求设计师在进行种植层次设计前，要对种植地进行充分的调研和分析，了解当地的气候、土壤、地形等自然条件，以及植物的生长习性和需求。在此基础上，设计师需要根据分析结果制定科学、合理的种植方案，确保植物在种植地健康生长，同时，实现良好的生态效益和景观效果。

### （二）适地适树原则

适地适树原则是指在种植层次设计中，要根据植物的生物学特性和生态习性，选择适合在特定地点生长的树种。这一原则强调植物与环境的适应性，要求在选择植物时充分考虑其生长需求和适应性，避免盲目引进和种植不适宜当地环境的植物种类。

适地适树原则有助于提高植物的成活率和生长质量。选择适合当地环境的植物种类，可以确保植物在种植后迅速适应环境，减少其对环境不适应而引发的生长不良和死亡现象。同时，适地适树原则有助于保持生态系统的稳定性和多样性，避免生态失衡和物种入侵等问题。

在具体实践中，适地适树原则要求设计师在选择植物时，充分了解其生长习性和适应性，包括耐寒性、耐旱性、耐阴性等。同时，设计师需要根据种植地的环境条件，选择与之相适应的植物种类和品种。例如，在干旱地区应选择耐旱性强的植物种，在寒冷地区应选择耐寒性强的植物种类，在光照不足的地区应选择耐阴性强的植物种类。

## （三）层次丰富原则

层次丰富原则是指在种植层次设计中，要注重植物种类的多样性和层次性，通过合理的搭配和布局，形成丰富多样的植物群落。这一原则强调在植物种植过程中，要充分利用植物的高度、形态、色彩等特性，形成错落有致、层次分明的植物景观。

层次丰富的设计原则有助于提高景观的观赏价值和生态价值。合理的植物搭配和布局，可以形成丰富多样的植物群落和景观效果，增强景观的层次感和立体感。同时，层次丰富的植物群落有助于提高生态系统的稳定性和生物多样性，进而增强生态系统的生态功能和景观功能。

在具体实践中，层次丰富原则要求设计师在进行种植层次设计时，充分考虑植物的高度、形态、色彩等特性，通过合理的搭配和布局，形成丰富多样的植物群落和景观效果。同时，设计师需要注意植物之间的生长关系和相互作用，避免植物之间的竞争和冲突，确保不同植物和谐共生、协调发展。

## （四）和谐统一原则

和谐统一原则是指在种植层次设计中，要注重植物与环境、植物与植物之间的和谐统一关系，通过合理的搭配和布局，形成协调统一、和谐共生的植物景观。这一原则强调在植物种植过程中，要充分考虑植物与环境的协调性和一致性，确保植物与环境之间形成和谐统一的整体效果。

和谐统一的设计原则有助于提高景观的整体性和美感。合理的搭配和布局，可以使植物与环境相互融合、相互衬托，形成协调统一、和谐共生的整体效果。同时，和谐统一则还有助于提高生态系统的稳定性和可持续性，促进生态系统的健康发展。

在具体实践中，和谐统一原则要求设计师在进行种植层次设计时，充分考虑植物与环境的协调性和一致性。设计师需要根据环境的特点和需求，选择与之相适应的植物种类和品种，确保植物与环境之间形成和谐统一的整体效果。同时，设计师需要注意植物的搭配和布局关系，避免植物之间的冲突和竞争，确保不同植物和谐共生、协调发展。

## 三、种植结构的形式与特点

### （一）种植结构的形式

种植结构的形式是指植物在种植空间中的布局和组合方式，它决定了植物群落的整体形态和特征。种植结构的形式多种多样，主要可以归纳为以下几种类型。

1. 单层结构：单层结构是最简单的种植形式，通常只包含一种或几种植物，种植密度较为均匀，形成单层覆盖的景观效果。这种结构形式适用于面积较小、需要统一视觉效果的场地，如草坪、花坛等。

2. 复合层结构：复合层结构是指在种植空间中，将不同高度、形态和生长习性的植物进行多层次组合，能形成复杂而丰富的植物群落。这种结构形式能够充分利用空间资源，提高生态系统的稳定性和生物多样性。常见的复合层结构包括乔灌草复合结构、乔灌复合结构等。

3. 立体结构：立体结构是通过将植物种植在垂直面或空间结构上，形成具有立体感的植物景观。这种结构形式能够打破传统的平面布局，增强景观的层次感和立体感。常见的立体结构形式包括墙面绿化、屋顶绿化、攀爬植物等。

4. 模块化结构：模块化结构是将植物按照一定的模块进行组合和布局，形成具有统一风格和主题的植物景观。这种结构形式便于施工和管理，能够快速形成景观效果。常见的模块化结构包括植物组团、植物群落模块等。

### （二）种植结构的特点

种植结构的特点主要体现在以下几个方面。

1. 多样性：种植结构的形式多样，设计师可以根据不同的场地条件、设计需求和景观效果选择合适的结构形式。这种多样性使种植结构能够适应各种复杂的环境和景观需求。

2.层次性：种植结构通常包含多个层次，不同层次的植物在高度、形态和生长习性上存在差异。这种层次性能够形成丰富的景观效果，增强景观的层次感和立体感。

3.稳定性：合理的种植结构能够提高生态系统的稳定性。合理的植物搭配和布局，可以形成复杂的植物群落结构，增强生态系统的抗干扰能力和自我恢复能力。

4.可持续性：种植结构的设计需要考虑生态可持续性原则。选择适应当地环境的植物种类、优化种植密度和空间布局等方式，可以实现生态系统的可持续发展和资源的合理利用。

### （三）种植结构对生态环境的影响

种植结构作为生态系统的重要组成部分，对生态环境的影响深远而广泛。其影响不仅体现在对土壤、空气、气候等自然环境的改善上，还体现在对生物多样性的保护和恢复上。

首先，种植结构对土壤质量发挥着显著的提高作用。合理的植物种植和搭配，可以形成多层次的植物群落，这些植物在生长过程中会释放大量的有机物质，从而改善土壤结构，提高土壤肥力。同时，植物根系还能固持土壤，减少水土流失，维持土壤的稳定性。

其次，种植结构对空气质量有积极的影响。植物通过光合作用能够吸收二氧化碳并释放氧气，有助于提高空气质量。此外，一些植物还具有吸收和转化空气中有害物质的能力，如二氧化硫、氮氧化物等，从而进一步净化空气。

再次，种植结构对气候的调节作用不容忽视。植物能够通过蒸腾作用降低周围环境的温度，增加空气湿度，形成宜人的小气候环境。这种调节作用在城市环境中尤为重要，有助于缓解城市热岛效应，改善城市气候环境。

最后，更为重要的是，种植结构对生物多样性的保护和恢复具有关键作用。合理的种植结构能够提供多样化的栖息地和食物来源，为各种生物提供生存和繁衍的空间。同时，植物群落的复杂性能够吸引更多的生物种类，形成丰富的生物群落结构。这种结构不仅有助于生物多样性的保护，还能够增强生态系统的稳定性和自我恢复能力。

在实际应用中，我们可以通过科学的种植结构设计优化生态环境。例如，在城市绿化中，可以采用乔灌草复合种植结构，形成多层次的植物群落，提高生态系统的稳定性和生态效益。在湿地保护和恢复中，可以通过种植湿地植物，恢复湿地生态系统的功能和结构，保护湿地的生物多样性。

### （四）种植结构在景观设计中的应用

种植结构在景观设计中扮演着至关重要的角色。合理的种植结构设计，可以营造出丰富多彩的景观效果，提升景观的观赏价值和生态价值。

首先，种植结构是景观设计的基础元素之一。将不同种类、高度、形态和生长习性的植物进行有层次、有序列的排列组合，可以形成丰富的景观层次和形态。这种层次感和形态的变化不仅能够增强景观的视觉效果，还能够营造出不同的空间氛围和风格。

其次，种植结构在景观设计中具有重要的生态功能。合理的种植结构能够提高土壤质量、提高空气质量、调节气候等，为人们的生活提供宜人的环境。同时，种植结构能够提供栖息地、食物和繁殖场所等生态服务，促进生物多样性的保护和恢复。

在景观设计中，种植结构的设计需要根据场地的具体情况、设计需求和景观效果进行。例如，在公园设计中，可以通过种植结构的设计营造不同的景观区域和节点，如草坪区、花海区、林荫道等。同时，需要考虑植物的生长习性和需求，选择合适的植物种类和种植方式，确保植物在场地中健康生长并最大的生态效益和景观效果。

此外，种植结构的设计还需要注重植物与景观小品、建筑等其他元素的协调与融合。合理的植物搭配和布局，可以使植物与其他元素相互衬托、相互补充，形成和谐统一、协调共生的景观空间。

## 四、种植层次与结构的优化策略

### （一）生态适应性策略

在种植层次与结构的优化中，首要考虑的是生态适应性策略。这一策略强调植物与环境的和谐共生，旨在通过选择适应性强、生态功能显著的植物种类，优化种植层次和结构，以实现生态环境的改善和生物多样性的提升。

首先，应充分考虑种植地的自然条件，如气候、土壤、水分等，选择与之相匹配的植物种类。这些植物应具有良好的生长适应性，能够在当地环境中健康生长，从而减少植物生长不良和死亡现象。

其次，应注重植物群落的多样性，通过引入不同种类、不同生长习性的植物，形成复杂而稳定的植物群落结构，提高生态系统的稳定性和自我恢复能力。这种多样性的植物群落不仅有利于生物多样性的保护，还能为各种生物提供丰富的栖息地和食物来源。

最后，生态适应性策略强调植物群落的生态功能。优化种植层次和结构，可以形成具有强大生态功能的植物群落，如水土保持、空气净化、气候调节等。这些生态功能有助于改善当地环境，提高人们的生活质量。

## （二）景观美学策略

在种植层次与结构的优化中，景观美学策略是不可或缺的一部分。这一策略旨在通过合理的植物搭配和布局，营造出美观、和谐的景观效果，增强人们的审美体验。

首先，应注重植物的形态和色彩搭配。不同种类、不同生长习性的植物在形态和色彩上都存在差异，合理的搭配可以形成丰富的景观层次和色彩变化。这种搭配应遵循对比与协调的原则，既要注重景观的多样性，又要保持整体的和谐统一。

其次，应充分考虑植物的生长习性和季相变化。不同植物在生长过程中会呈现不同的形态和色彩变化，合理的布局可以营造出具有季节特色的景观效果。这种变化不仅增加了景观的趣味性，还为人们提供了丰富的视觉体验。

最后，景观美学策略强调植物与其他景观元素的协调与融合。在种植层次与结构的优化中，应注重植物与建筑、小品、水体等景观元素的搭配和协调，以打造和谐统一、相辅相成的景观空间。

## （三）经济效益策略

在种植层次与结构的优化中，经济效益策略是需要考虑的重要因素。这一策略旨在通过合理的植物选择和种植方式，降低种植成本和维护成本，提高景观的经济价值。

首先，应选择具有较高观赏价值和较低养护成本的植物种类。这些植物不仅具有较高的观赏价值，而且生长迅速、病虫害少，能够降低后期的养护成本。

其次，应注重植物的生态经济价值。一些植物具有较高的经济价值，如药用植物、观赏植物等。合理的种植和利用方式，可以形成具有经济效益的植物群落结构，提高景观的经济价值。

最后，经济效益策略强调资源的合理利用和节约。在种植层次与结构的优化中，应注重土地资源的合理利用和节水节肥等环保措施的落实，减少资源浪费现象。

### （四）可持续性策略

在种植层次与结构的优化中，可持续性策略是至关重要的因素。这一策略强调在设计和实施过程中充分考虑资源的可持续利用和环境的长期影响，以实现人与自然的和谐共生。

首先，应选择具有可持续性的植物种类和种植方式。这些植物应具有良好的生长适应性和自我恢复能力，能够在长期内保持稳定的生态功能和景观效果。

其次，应注重生态系统的稳定性和自我恢复能力。在种植层次与结构的优化中，应充分考虑生态系统的结构和功能特点，通过合理的植物搭配和布局，增强生态系统的稳定性和自我恢复能力。

最后，可持续性策略强调在设计和实施过程中采用环保、节能的技术与材料。通过引入先进的灌溉系统、使用可再生材料等措施，减少对环境的影响和资源的消耗，实现可持续发展的目标。

## 第五节　种植布局与园林风格的融合

### 一、园林风格的概念与分类

园林风格是指在园林设计中采用的特定风格或流派，它体现了设计师对自然、文化和艺术的独特理解与表达方式。园林风格的分类多种多样，本小节将从历史演变、地域特色、文化内涵和表现形式四个方面对其进行分析。

## （一）历史演变

园林风格的历史演变是随着人类文明的发展而不断变化的。不同历史时期的园林风格带有其独特的印记。例如，古埃及园林强调对自然环境的模仿和改造，以表现对神秘力量的崇拜；古希腊园林注重几何对称和比例协调，体现了对理性和美的追求；古罗马园林更加注重实用性和享乐性，融合了农业和园艺的元素。中世纪时期，园林风格逐渐走向宗教化和神秘化，形成了修道院园林和城堡园林等特色风格。文艺复兴时期，园林风格开始追求人文主义和自然主义，出现了意大利台地园和法国古典主义园林等经典风格。近现代以来，随着科技的进步和人们审美观念的变化，园林风格呈现出多元化和个性化的趋势。

## （二）地域特色

园林风格的地域特色是指不同地区的园林设计在风格上表现出的独特性和差异性。这种差异性主要受到当地自然环境、气候条件、文化传统和社会经济条件等因素的影响。例如，中国的园林风格注重"天人合一"的哲学思想，追求自然与人的和谐统一，形成了江南园林、北方皇家园林等各具特色的风格。日本园林强调"简素"和"空寂"的美感，以枯山水和茶道精神为代表，形成了独特的禅宗风格。另外，欧洲各国的园林风格也各具特色，如意大利的台地园、法国的凡尔赛宫园林、英国的乡村园林等。这些风格的形成都与当地的自然环境、文化传统和社会经济条件密切相关。

## （三）文化内涵

园林风格的文化内涵是指园林设计蕴含的文化元素和象征意义。不同的园林风格反映了不同的文化传统和价值观念。例如，中国古典园林中的"曲径通幽""步移景异"等手法体现了"天人合一"的哲学思想和对自然美的追求；欧洲古典园林中的对称布局、几何图形等则体现了对理性、秩序和美的追求。此外，一些园林风格还融合了宗教、神话、历史等元素，如伊斯兰的清真寺和圣地、基督教园林中的十字架和圣像等。这些文化元素和象征意义丰富了园林的内涵与表现力。

### （四）表现形式

园林风格的表现形式是指园林设计在布局、植物配置、建筑小品等方面的具体体现。不同的园林风格在表现形式上有所不同。例如，中国古典园林以山水为骨架，通过建筑、植物、山石等元素的巧妙搭配，营造出一种诗情画意的意境；而欧洲古典园林则注重几何对称和比例协调，通过精美的雕塑、喷泉、台阶等元素展现出一种庄严、典雅的氛围。此外，一些现代园林风格还注重创新和实验性，如极简主义园林、生态主义园林等，它们在表现形式上更加灵活多样。这些不同的表现形式使园林风格更加丰富多彩和具有个性化特点。

## 二、种植布局与园林风格的协调性

### （一）种植布局与园林风格主题的统一

种植布局作为园林设计的核心要素之一，其设计应与园林风格的主题保持统一。园林风格的主题往往代表着一种特定的设计理念、文化特色或历史背景，而种植布局作为园林的"绿色骨架"，应与之相协调，共同营造园林的整体氛围。

在设计中，首先要明确园林风格的主题，如中式园林的"山水意境"、法式园林的"对称与秩序"等。其次要根据主题选择合适的植物种类、形态和色彩，以及相应的种植方式和布局形式。例如，在中式园林中，可以选择具有自然形态和柔美线条的树木，如柳树、桃树等，以及具有象征意义的植物，如竹子、梅花等，之后通过精心布局，营造出山水相依、意境深远的景观效果。

此外，种植布局还应考虑植物与园林中其他景观元素的协调，如建筑、水体、山石等。通过合理的布局和搭配，使植物与其他景观元素相互呼应、相互衬托，共同形成和谐统一的园林空间。

### （二）种植布局与园林风格的节奏和韵律

园林风格往往具有一定的节奏和韵律，这种节奏和韵律不仅体现在建筑、水体等硬质景观上，也体现在种植布局上。种植布局的节奏和韵律可以通过植物的形态、色彩、高低、疏密等因素加以体现。

在设计中，应根据园林风格的特点和节奏要求，选择合适的植物种类和种植方式。例如，在法式园林中，可以运用对称的布局形式，将植物按照严格的轴线进行排列，形成整齐划一、富有节奏感的景观效果。同时，可以通过植物的形态和色彩变化营造出丰富的韵律感，如运用不同高度的乔木和灌木进行组合，形成高低起伏、错落有致的景观层次。

此外，种植布局的节奏韵律应与人的视觉与心理感受相协调。通过合理的布局和搭配，使人在游览过程中能够感受到舒适、愉悦和宁静的氛围，从而，增强园林的吸引力和感染力。

## （三）种植布局与园林风格的生态可持续性

在现代园林设计中，生态可持续性已成为一个重要的设计理念。种植布局作为园林设计的重要组成部分，也应充分考虑生态可持续性的要求。

在设计中，应选择适应当地气候和土壤条件的植物种类，避免外来物种对当地生态环境造成破坏。同时，应注重植物的生态功能和生态效益，如选择具有空气净化、水土保持等功能的植物种类，通过合理的种植布局和搭配，打造具有生态效益的园林空间。

此外，种植布局还应考虑植物与周边环境的协调性和互动性。通过合理的布局和搭配，使园林与周边环境相互融合、相互补充，共同形成一个生态和谐的整体。例如，在城市公园中，可以通过种植布局的设计引导风向、降低噪声、改善微气候等，提高城市居民的生活质量。

## （四）种植布局与园林风格的文化传承和创新

园林风格往往承载着丰富的文化内涵和历史背景，而种植布局作为园林设计的重要组成部分，也应注重文化传承和创新。

在设计中，应充分挖掘和传承园林风格蕴含的文化元素和符号，通过植物的形态、色彩、寓意等方式进行表达。同时，应注重创新和发展，将现代设计理念和科技手段引入种植布局的设计中，使园林设计既具有传统韵味，又富有时代气息。

在中式园林中，可以运用现代设计手法对传统的植物种植方式进行创新和发展，如采用新型材料和技术手段模拟自然山水的形态与意境；在法式园林中，可以引入现代景观元素和雕塑艺术丰富园林的表现形式与内涵。通过文化传承与创新相结合的方式，使种植布局与园林风格相得益彰、相互促进。

## 三、不同风格园林的种植布局特点

### （一）中式园林的种植布局特点

中式园林的种植布局深受中华优秀传统文化和哲学思想的影响，注重"天人合一"的和谐理念。在种植布局上，中式园林追求自然与人的和谐统一，强调植物和山石、水体、建筑等园林要素的融合与协调。

1.植物种类的选择：中式园林注重选择具有象征意义和文化内涵的植物种类，如松树、竹子、梅花等，这些植物不仅具有观赏价值，还承载着深厚的文化寓意。同时，中式园林善于利用植物的季相变化，通过不同季节的植物景观营造四时不同的园林意境。

2.布局形式：中式园林的种植布局多采用自然式布局，即依据地形、地势和植物的自然生长习性进行布置。植物与山石、水体等自然元素相互穿插、融合，可形成山水相依、树石相衬的景观效果。同时，中式园林善于运用"借景"手法，将园外的自然景色引入园内，使园林空间得以延伸和拓展。

3.种植手法：中式园林的种植手法讲究"藏露结合""疏密有致"，通过植物的合理搭配和布局，打造虚实相生、层次丰富的景观空间。同时，中式园林注重植物的修剪和造型，通过人工手法塑造出具有特色的植物景观。

4.意境营造：中式园林的种植布局追求意境的营造，通过植物的形态、色彩、香气等元素传达园林的主题和情感。如通过梅花的傲雪凌霜、竹子的坚韧不拔等植物特性，寓意园林主人的高洁品质和坚定意志。

### （二）法式园林的种植布局特点

法式园林的种植布局以对称和秩序为特点，强调人工美和几何美。在种植布局上，法式园林追求规整、严谨和对称的视觉效果。

1.植物种类的选择：法式园林注重选择形态优美、色彩鲜艳的植物种类，如黄杨、紫杉等常绿植物，以及郁金香、玫瑰等花卉。这些植物不仅具有观赏价值，还能营造出浓郁的法式风情。

2. 布局形式：法式园林的种植布局多采用几何图形，如圆形、方形、直线等。植物按照严格的轴线进行排列，可形成整齐划一、对称均衡的景观效果。同时，法式园林善于运用台阶、喷泉等硬质景观元素衬托植物景观的规整和严谨。

3. 种植手法：法式园林的种植手法注重细节和精致度。植物被修剪成各种几何形状和图案，如球形、圆锥形等，以展现植物的规整美和人工美。同时，法式园林善于利用花卉的色彩搭配和布置技巧营造丰富多彩的视觉效果。

4. 氛围营造：法式园林的种植布局追求华丽、庄重的氛围营造，通过植物的规整排列和硬质景观的衬托，展现法式园林的尊贵和奢华。同时，法式园林注重营造宁静、优雅的园林环境，使人在其中感受到舒适和放松。

## （三）英式园林的种植布局特点

英式园林的种植布局以自然、浪漫和田园风光为特色，强调对自然美的模仿和表达。在种植布局上，英式园林追求自然、不规则和变化的视觉效果，以营造轻松、宁静的田园氛围。

1. 植物种类的选择：英式园林倾向于选择本土植物和野生花卉，这些植物具有自然、野趣和适应性强的特点。同时，英式园林善于运用丰富的花卉种类和色彩搭配，以营造浪漫、梦幻的景观效果。

2. 布局形式：英式园林的种植布局多采用自然式布局，即根据地形、地势和植物的自然生长习性进行布置。植物与草坪、水体、小径等元素相互穿插、融合，可形成自由、灵活和流动的景观空间。此外，英式园林也善于利用树木、灌木和地被植物创造层次丰富的植物景观。

3. 种植手法：英式园林的种植手法注重自然和野趣的营造。植物被允许自然生长，形成自然、不规则的形态。同时，英式园林善于运用花卉的群体种植和色彩搭配，营造丰富多彩的视觉效果。

4. 氛围营造：英式园林的种植布局追求轻松、宁静和浪漫的田园氛围。通过植物的自由生长和花卉的丰富色彩，英式园林营造出一种宁静、自然和浪漫的环境，使人在其中感受到心灵的宁静和放松。

## （四）日式园林的种植布局特点

日式园林的种植布局以简约、精致和禅意为特点，强调对自然和精神的深刻理解与表达。在种植布局上，日式园林追求简洁、纯净和宁静的视觉效果，以展现一种超脱尘世的精神境界。

1. 植物种类的选择：日式园林注重选择常绿植物和具有象征意义的植物种类，如松树、竹子、樱花等。这些植物不仅具有观赏价值，还承载着深厚的文化内涵和象征意义。

2. 布局形式：日式园林的种植布局多采用简约、精致的形式，通过植物、石头、水体和建筑等元素的巧妙搭配与布局，营造一种简约而不简单、精致而不繁复的景观效果。同时，日式园林善于利用"借景"手法，将园外的自然景色引入园内，使园林空间得以延伸和拓展。

3. 种植手法：日式园林的种植手法注重细节和精致度。植物被修剪成简约、纯净的形态，与石头、水体等硬质景观元素相互映衬、相互协调。同时，日式园林善于运用花卉的色彩搭配和布置技巧营造简约而不单调的视觉效果。

4. 禅意营造：日式园林的种植布局追求禅意的营造，通过植物的简约、纯净和宁静，表达一种超脱尘世、追求精神境界的理念。在日式园林中，人们可以感受到一种平和、宁静的氛围，从而得到心灵的净化和升华。

# 第五章　园林植物的色彩设计

## 第一节　色彩在园林设计中的应用

### 一、色彩对人们情感的影响

色彩在园林设计中扮演着至关重要的角色，它不仅仅影响着园林的整体视觉效果，更深刻地影响人们的情感。以下从四个方面分析色彩对人们情感的影响。

#### （一）色彩的心理效应

色彩具有直接的心理效应，能够激发人们的情感反应。不同的色彩能够引发不同的心理感受。例如，红色通常与热情、活力、激情等情感相关联，能够使人感到兴奋和充满活力。蓝色常常代表平静、安宁、深沉，能够给人们带来宁静和放松的感受。绿色则象征着自然、和谐与健康，有助于人们缓解压力、放松心情。因此，在园林设计中，合理运用色彩的心理效应，可以创造出符合人们心理需求的园林环境。

#### （二）色彩的象征意义

色彩具有丰富的象征意义，能够传递特定的信息和情感。不同的色彩在不同的文化、历史和地域背景下具有不同的象征意义。例如，在中国文化中，红色象征着吉祥、喜庆和繁荣，因此，在园林设计中常用于庆祝场合和喜庆空间。白色则往往代表着纯洁、高雅和神圣，在园林设计中常用于营造庄重、肃穆的氛围。因此，在园林设计中，充分考虑色彩的象征意义，可以更加准确地传达园林的主题和情感。

### （三）色彩与空间感

色彩能够影响人们的空间感知。不同的色彩在视觉上具有不同的扩张性和收缩性，能够影响人们对空间大小、远近和深浅的感知。例如，暖色系（如红色、黄色等）具有扩张性，能够使空间显得更大、更开放；冷色系（如蓝色、紫色等）则具有收缩性，能够使空间显得更小、更紧凑。在园林设计中，可以运用色彩的这种特性营造不同的空间效果。例如，在较小的空间中运用冷色系可以一种宽敞、舒适的感觉；在较大的空间中运用暖色系则可以营造出一种温馨、亲密的氛围。

### （四）色彩与季节变化

色彩能够反映季节的变化，给人们带来不同的情感体验。随着季节的更替，园林中的植物会呈现出不同的色彩变化。例如，春天的园林万物复苏、百花争艳，色彩丰富而鲜艳；夏天的园林绿树成荫、郁郁葱葱，色彩浓重而热烈；秋天的园林落叶纷飞、色彩斑斓，色彩柔和而深沉；冬天的园林则银装素裹、白雪皑皑，色彩单一而纯净。在园林设计中，可以运用色彩的季节变化营造不同的季节氛围和情感体验。例如，在春天可以运用鲜艳的色彩展现园林的生机与活力；在秋天则可以运用柔和的色彩营造一种宁静、深沉的氛围。合理运用色彩的季节变化，可以使园林更加生动、有趣和富有情感。

## 二、色彩与环境的协调

在园林设计中，色彩与环境的协调是至关重要的。一个和谐统一的色彩搭配不仅能够增强园林的整体美感，还能使其更好地融入并服务于周边环境。以下从四个方面分析色彩与环境的协调。

### （一）色彩与自然环境的融合

园林是自然环境的一部分，其色彩设计应充分考虑与周围自然环境的融合。首先，植物的色彩是园林色彩设计的基础，应选择与当地生态环境相适应的植物种类，使植物的色彩与土壤、水体、岩石等自然元素相协调。例如，在湿润的河边种植水生植物，其鲜艳的蓝紫色可与清澈的河水相映成趣，形成一幅美丽的画卷。此外，园林中的建筑、小品等人工元素也应与周围环境的色彩相协调，避免突兀感。

## （二）色彩与人文环境的呼应

园林不仅仅是自然环境的展示，更是人文精神的体现。因此，色彩设计应与人文环境相呼应，体现出园林所在地区的历史、文化和民俗特色。例如，在江南园林中，常用白墙黛瓦、粉墙绿树的色彩搭配，营造出一种淡雅、清新的江南水乡风情。这种色彩搭配不仅与江南地区的气候、地理条件相适应，还体现了江南文化的独特韵味。在色彩设计中，可以借鉴当地的传统建筑、服饰、工艺品等文化元素，提取其中的色彩元素，将其运用到园林设计中，使园林更具地方特色和文化内涵。

## （三）色彩与空间布局的匹配

园林的色彩设计应与空间布局相匹配，通过色彩的变化和对比，营造不同的空间氛围和视觉效果。例如，在开阔的空间中，可以运用大面积的绿色植物和明亮的色彩点缀，使空间显得更加宽敞、明亮；在狭窄的空间中，可以采用深色调的植物和柔和的色彩搭配，使空间显得更为紧凑、温馨。此外，色彩还可以用于引导视线和划分空间。色彩的变化和对比，可以引导游客的视线，使园林的景观层次更加丰富；色彩的分区和过渡，可以划分出不同的功能区域和景观节点，使园林的布局更加合理、有序。

## （四）色彩与季节变化的适应

园林的色彩设计应充分考虑季节变化的影响。随着季节的更替，植物会呈现出不同的色彩变化，这种变化是园林色彩设计的重要组成部分。为了与季节变化相适应，可以在不同季节选择不同色彩的植物进行种植和搭配。例如，在春天可以种植樱花、桃花等粉色系植物，以营造一种浪漫、温馨的春天气息；在秋天则可以种植银杏、枫树等黄色系和红色系植物，以形成一幅色彩斑斓的秋日画卷。此外，还可以运用人工手段如灯光、喷泉等，营造出与季节变化相适应的色彩氛围和视觉效果。色彩的灵活运用和巧妙搭配，可以使园林的色彩设计更加生动、有趣和富有变化。

### 三、色彩在园林中的象征意义

在园林设计中,色彩不仅仅是一种视觉元素,更承载着丰富的象征意义。色彩的选择和运用能够传递出特定的情感、价值观与文化内涵,赋予园林空间更深层次的意义。以下从四个方面分析色彩在园林中的象征意义。

#### (一)色彩与情感表达

色彩具有直接的情感表达功能,能够唤起人们内心的情感体验。在园林设计中,选择不同的色彩,可以营造出不同的情感氛围。例如,红色通常代表热情、活力与喜庆,在园林中运用红色元素可以营造出热烈、欢快的氛围;蓝色代表平静、安宁与和谐,在园林中运用蓝色元素可以营造出宁静、幽雅的氛围。通过色彩的巧妙运用,园林设计师可以传达特定的情感信息,与游客产生情感共鸣。

#### (二)色彩与文化内涵

色彩在不同的文化中具有不同的象征意义,它承载着丰富的文化内涵。在园林设计中,运用具有文化内涵的色彩元素,可以赋予园林更深厚的文化底蕴。例如,在中华优秀传统文化中,红色象征着吉祥、喜庆和繁荣,因此,在园林设计中常用红色元素营造喜庆、祥和的氛围;在西方文化中,白色常常代表纯洁、高雅和神圣,在园林设计中常用于营造庄重、肃穆的氛围。通过运用具有文化内涵的色彩元素,园林设计师可以传递特定的文化信息,让游客在欣赏园林美景的同时感受到文化的魅力。

#### (三)色彩与生态理念

随着人们生态环保意识的增强,生态理念在园林设计中得到了越来越多的体现。色彩作为园林设计的重要元素之一,可以与生态理念相结合,传递绿色环保的信息。例如,绿色作为自然生态的代表色,在园林设计中被广泛应用。大量运用绿色植物,不仅可以美化环境、净化空气,还可以营造一种自然、和谐的生态氛围。此外,园林设计师可以运用其他生态友好的色彩元素,如蓝色代表水体、棕色代表土壤等,强化园林的生态特色。

## （四）色彩与功能分区

在园林设计中，色彩可以用于功能区的划分。通过运用不同的色彩元素，设计师可以将园林空间划分为不同的功能区域，如休息区、娱乐区、观赏区等。例如，在休息区可以运用柔和的色彩元素，如浅蓝、浅绿等，营造出一种宁静、舒适的氛围；在娱乐区则可以运用鲜艳的色彩元素，如红色、黄色等，营造出一种热烈、欢快的氛围。通过色彩的巧妙运用，园林设计师可以更好地划分功能区域，使游客在园林中能够更加便捷地找到自己想要的空间。同时，色彩的功能分区作用也有助于提升园林的空间感和层次感，使园林空间更加丰富多彩。

## 四、色彩在园林空间划分中的作用

在园林设计中，色彩不仅是美学元素，也是空间划分的重要手段。通过巧妙地运用色彩，园林设计师能够有效地划分空间，创造出层次丰富、功能明确、引人入胜的园林环境。以下从四个方面详细分析色彩在园林空间划分中的作用。

### （一）色彩与空间感的营造

色彩具有独特的视觉效应，能够影响人们对空间大小、远近和深浅的感知。在园林设计中，色彩被广泛用于营造不同的空间感。例如，暖色调（如红色、黄色、橙色等）能够营造温馨、亲切的空间氛围，使空间显得更为亲近和舒适；冷色调（如蓝色、绿色、紫色等）则能够营造宁静、深远的空间氛围，使空间显得更为宽广和深远。通过色彩的运用，园林设计师可以灵活地调整空间感，使园林空间在视觉上更加丰富多变。

### （二）色彩与功能区的划分

在园林设计中，不同的功能区域需要不同的色彩进行标识和划分。通过运用不同的色彩，园林设计师可以清晰地划分出休息区、娱乐区、观赏区等功能区域。例如，在休息区可以运用柔和的色彩，如浅蓝、浅绿等，以营造宁静、舒适的氛围；在娱乐区则可以运用鲜艳的色彩，如红色、黄色等，以激发人们的活力和热情。色彩的划分，不仅有助于游客在园林中快速定位自己想要的功能区域，还能使园林空间的功能布局更加明确和合理。

### （三）色彩与视觉焦点的创造

在园林设计中，色彩被用来创造视觉焦点，吸引人们的注意力。通过运用鲜艳、对比强烈的色彩元素，园林设计师可以营造具有强烈视觉冲击力的景观节点，使游客在游览过程中产生深刻的印象。例如，在园林中设置一座红色的雕塑或一片金黄色的花海，使其成为游客的视觉焦点，吸引他们驻足观赏和拍照留念。通过创造视觉焦点，园林设计师能够突出园林的特色和亮点，提升园林的吸引力和观赏价值。

### （四）色彩与氛围的营造

色彩在园林设计中扮演着营造氛围的重要角色。通过运用不同的色彩元素，园林设计师可以营造不同的氛围和表达不同的情感。例如，在节日庆典时，可以运用红色、黄色等鲜艳的色彩营造喜庆、热烈的氛围；在纪念性场所中，可以运用白色、灰色等素雅的色彩营造庄重、肃穆的氛围。通过色彩的巧妙运用，园林设计师能够营造符合特定场合和需求的氛围，使游客在园林中产生特定的情感体验和共鸣。

综上所述，色彩在园林空间划分中发挥着重要的作用。通过色彩与空间感的营造、功能区的划分、视觉焦点的创造以及氛围的营造，园林设计师能够创造出层次丰富、功能明确、引人入胜的园林环境。因此，在园林设计中，应充分重视色彩的运用和搭配，以实现最佳的空间划分效果。

# 第二节　植物的色彩属性与变化

## 一、植物的色彩属性

在园林设计中，植物的色彩属性是至关重要的。植物不仅仅以其形态、纹理和香气为人们带来美的享受，更以其独特的色彩为园林空间增添生机与活力。以下从四个方面详细分析植物的色彩属性。

### （一）植物的色彩种类与变化

植物的色彩种类繁多，从基本的绿色小草到五彩斑斓的花朵，再到丰富多彩的叶片，为园林设计提供了广阔的选择空间。植物色彩的变化受到多种因素的影响，如季节更替、光照条件、土壤养分等。春季，万物复苏，百花盛开，鲜艳的花朵，如樱花、桃花、郁金香等，为园林带来了生机与活力；夏季，绿叶繁茂，植物色彩虽以绿色，但仍有部分花卉如荷花、向日葵等在绽放；秋季，树叶变色，红色、黄色、橙色等色彩交织，形成美丽的秋叶景观；冬季，虽然大部分植物都凋零了，但常绿植物如松树、柏树等仍能为园林带来一抹绿色。

### （二）植物的色彩饱和度与明度

植物的色彩饱和度与明度是影响其视觉效果的重要因素。饱和度高的植物色彩鲜艳、饱满，具有强烈的视觉冲击力；明度高的植物色彩明亮、清新，给人以愉悦的感受。在园林设计中，可以根据需要选择不同饱和度与明度的植物色彩进行搭配。例如，在需要突出焦点或营造热烈氛围的区域，可以选择色彩饱和度高的植物；在需要营造宁静、舒适氛围的区域，可以选择色彩明度高的植物。

### （三）植物色彩的地域特色与气候适应性

植物色彩的地域特色与气候适应性是园林设计中不可忽视的因素。不同地域的植物具有不同的色彩特点，如热带地区的植物色彩鲜艳、丰富，寒带地区的植物色彩则相对单调。植物对气候的适应性也影响其色彩表现。例如，在干旱地区，一些耐旱植物能够保持鲜艳的色彩，为园林增添一抹亮色；在湿润地区，水生植物则以其独特的蓝色调为园林带来清新感。因此，在园林设计中，应充分考虑植物的地域特色与气候适应性，选择适合在当地生长的植物品种，以确保植物的色彩得到充分的展现。

### （四）植物色彩的组合与搭配

植物色彩的组合与搭配是园林设计的关键环节。巧妙的色彩搭配，可以营造出不同的视觉效果和氛围。在植物色彩搭配中，可以运用对比、协调、渐变等手法。对比手法通过运用色彩差异较大的植物进行搭配，形成强烈的视觉冲击力；协调手法通过运用色彩相近或相似的植物进行搭配，营造出和谐统一的氛围；渐变手法则通过运用色彩逐渐变化的植物进行搭配，形成自然的过渡效果。在园林设计中，应根据具体需求和场地条件选择合适的色彩搭配手法，以实现最佳的视觉效果和氛围营造。

## 二、植物色彩的季节变化

在园林设计中，植物色彩的季节变化是一个引人入胜的要素。它不仅为园林空间增添了丰富的视觉层次，还为人们提供了随时间变化而变化的观赏体验。以下从四个方面详细分析植物色彩的季节变化。

### （一）植物色彩变化的自然规律

植物色彩的季节变化遵循着自然的规律。在春季，万物复苏，植物开始萌发新叶，新生的叶片通常呈现嫩绿色，为园林带来一片生机勃勃的景象。夏季，随着气温的升高和光照的增强，植物叶片中的叶绿素含量增加，叶片颜色变得更加浓郁，多以深绿色为主。秋季，随着气温的降低和日照时间的缩短，植物叶片中的叶绿素逐渐分解，而类胡萝卜素和花青素等色素开始显现，使叶片呈现黄色、橙色、红色等颜色。冬季，大部分植物进入休眠期，叶片脱落，只剩下枝干和少数常绿植物维持着绿色。

### （二）影响植物色彩变化的因素

植物色彩的季节变化受到多种因素的影响。首先是气候因素，包括温度、光照、降雨等。这些因素直接影响植物的生长和代谢过程，从而影响叶片中色素的合成和分解。其次是土壤因素，土壤中的养分和水分供应对植物的生长与叶片颜色有重要影响。最后是植物本身的遗传因素，不同植物品种在色素合成和分解方面存在差异，导致它们在季节变化时呈现不同的颜色。

### （三）植物色彩变化的观赏价值

植物色彩的季节变化为园林设计带来了极高的观赏价值。春季的嫩绿、夏季的浓绿、秋季的斑斓、冬季的萧瑟，每个季节都有其独特的色彩特点。这些变化不仅丰富了园林的色彩层次，还为人们提供了随时间变化而变化的观赏体验。在园林设计中，可以利用植物色彩的季节变化营造不同的景观效果，如春季的繁花似锦、秋季的层林尽染等。同时，植物色彩的季节变化也为人们提供了情感上的寄托和共鸣，如春季的生机勃发、秋季的丰收喜悦等。

### （四）植物色彩变化在园林设计中的应用

在园林设计中，植物色彩的季节变化具有重要的应用价值。首先，可以利用植物色彩的季节变化营造不同的季节氛围和景观效果。例如，在春季可以种植樱花、桃花等花卉，营造繁花似锦的景观；在秋季可以种植银杏、枫树等色叶树种，营造层林尽染的秋景。其次，可以利用植物色彩的季节变化丰富园林的色彩层次和视觉效果。合理搭配不同季节的植物品种和色彩类型，可以形成丰富多彩的视觉效果和层次变化。最后，可以利用植物色彩的季节变化增强园林的生态功能和可持续性。选择一些适应性强、生长迅速的植物品种进行种植和养护，可以提高园林的生态稳定性和可持续性发展能力。

总之，植物色彩的季节变化是园林设计中不可忽视的重要因素。通过深入了解植物色彩变化的自然规律和影响因素，以及充分发挥其观赏价值和应用价值，设计师可以创造出更加美丽、生态化的可持续园林空间。

## 三、植物色彩与光照的关系

在园林设计中，植物色彩与光照之间存在着密切而复杂的关系。光照不仅影响着植物的生长和发育，还直接影响着植物叶片、花朵等器官的色彩表现。以下从四个方面详细分析植物色彩与光照的关系。

### （一）光照强度对植物色彩的影响

光照强度是影响植物色彩的关键因素之一。在强光照射下，植物叶片中的叶绿素合成增多，叶片颜色通常呈现鲜亮的绿色。这是因为叶绿素是植物进行光合作用的主要色素，光照强度增加促进了叶绿素的合成和积累。同时，强光能刺激一些植物产生花青素等色素，使花朵颜色更加鲜艳。在弱光环境下，植物叶片中的叶绿素合成减少，不仅叶片颜色可能变得暗淡无光，花朵颜色也可能变得不鲜艳。

## （二）光照时长对植物色彩的影响

光照时长也会对植物色彩产生重要影响。在光照时长较长的地区，植物有充足的时间进行光合作用和色素合成，因此其不仅叶片颜色更加鲜亮，花朵颜色也更加鲜艳。例如，在热带和亚热带地区，由于光照时长较长，植物色彩通常较为丰富和鲜艳。相反，在光照时长较短的地区，如高纬度地区或阴暗环境，植物的光合作用和色素合成受到限制，其叶片和花朵的颜色可能变得暗淡。

## （三）光照方向对植物色彩的影响

光照方向对植物色彩的影响主要表现在植物向阳面和背阴面的色彩差异上。由于阳光直射的强度和时长不同，植物向阳面的叶片颜色通常更加鲜亮，背阴面的叶片颜色则相对暗淡。这种差异在叶色鲜艳的树种中表现得尤为明显，如银杏、枫树等。此外，光照方向还影响植物花朵的开放程度和颜色深浅。一些植物在阳光直射下花朵开放得更加完全，颜色也更加鲜艳，而在阴暗处就可能出现花朵紧闭或颜色暗淡的问题。

## （四）光照条件在园林设计中的应用

在园林设计中，合理利用光照条件对植物色彩的影响具有重要意义。首先，选择适合当地光照条件的植物品种，可以确保植物在园林中呈现最佳的色彩效果。例如，在光照充足的地区，可以选择色彩鲜艳的树种和花卉进行种植，在光照不足的地区，可以选择耐阴植物或色彩较淡的植物品种。其次，合理布局和配置植物，可以利用光照条件营造出不同的景观效果和氛围。例如，在阳光充足的地方设置花坛或花境，利用植物色彩的对比和搭配形成丰富的视觉效果；在阴暗处则可以利用耐阴植物和常绿植物营造幽静、清新的氛围。最后，调节光照条件可以延长植物的观赏期和增强植物的生态功能。例如，在冬季可以通过增加光照的时长和强度促进植物生长和开花，在夏季则可以通过遮挡部分阳光降低植物的温度和减少水分蒸发。

总之，植物色彩与光照之间存在着密切而复杂的关系。在园林设计中应充分考虑光照条件对植物色彩的影响，并通过合理选择植物品种、合理布局和配置植物，以及调节光照条件等手段，创造更加美丽、生态化的可持续园林空间。

## 四、植物色彩与温度的关系

在园林设计和植物学领域，植物色彩与温度之间的关联极为紧密。温度是影响植物生长、代谢和色素合成的重要因素之一，进而对植物色彩产生显著影响。以下将从四个方面详细分析植物色彩与温度的关系：

### （一）温度对植物色素合成的影响

温度是影响植物色素合成的重要因素。植物体内的色素，如叶绿素、花青素等，都是在一定的温度范围内合成的。适宜的温度条件能够增强植物体内酶的活性，加速色素的合成过程，使植物叶片和花朵的颜色更加鲜艳。反之，温度过高或过低都会影响酶的活性，进而影响色素的合成和分解，导致植物叶片和花朵的颜色变淡。

具体来说，在较低的温度条件下，一些植物能够合成更多的花青素等色素，使叶片和花朵的颜色更加鲜艳。这是因为低温可以激活某些特定的基因，促进花青素苷等色素的合成。例如，在秋季，随着温度的降低，一些植物叶片中的叶绿素开始分解，而花青素等色素开始合成，使叶片呈现红色、黄色、橙色等丰富的色彩。

过高的温度会导致植物体内色素的分解加快，使植物叶片和花朵的颜色变淡或失去原有的色彩。这是因为高温会破坏植物体内的色素结构，使其失去稳定性。例如，在夏季高温天气下，一些花卉会出现褪色现象，叶片的颜色也会变得暗淡无光。

### （二）温度对植物色彩表现的影响

除了影响色素合成外，温度还会影响植物色彩的表现。在适宜的温度条件下，植物叶片和花朵的颜色能够充分展现出来，使园林景观更加丰富多彩。然而，当温度过高或过低时，植物叶片和花朵的颜色可能会受到影响，无法充分展现其原有的色彩。

例如，在冬季低温条件下，一些植物的叶片会出现冻伤现象，导致叶片颜色变浅或失去原有的色彩。同样地，在夏季高温天气下，一些植物的叶片也会因为蒸腾作用过强而失水，使叶片颜色变淡或失去光泽。

### （三）温度对植物色彩变化的影响

温度会影响植物色彩的变化过程。随着季节的变化和温度的波动，植物叶片和花朵的颜色也会发生相应的变化。例如，在春季和秋季，随着温度的逐渐升高和降低，一些植物的叶片会呈现不同的颜色变化。这种变化不仅与色素合成有关，还与植物体内其他物质的代谢和转运过程有关。

此外，温度还会影响植物开花的时间和花期的长度。适宜的温度条件能够促进植物开花，并使花期延长。温度过高或过低都会影响植物开花的时间和花期的长度，进而影响植物色彩的表现和变化。

### （四）温度条件在园林设计中的应用

在园林设计中，应充分考虑温度条件对植物色彩的影响。首先，应根据当地的气候条件和温度变化规律选择合适的植物品种与种植位置。例如，在寒冷地区应选择耐寒性强的植物品种，在炎热地区应选择耐热性强的植物品种。其次，在园林布局和设计中应合理搭配不同色彩与类型的植物，以形成丰富多样的景观效果。最后，在养护管理中应注意调节温度条件，为植物提供适宜的生长环境，以促进植物的健康生长和色彩表现。

总之，植物的色彩与温度之间存在着密切的关系。在园林设计和植物养护中，应充分考虑温度条件对植物色彩的影响，并采取相应的措施促进植物的健康生长和色彩表现。

# 第三节　色彩搭配的基本原则

## 一、色彩的对比与和谐

在园林设计和植物配置中，色彩的对比与和谐是构成视觉美感的重要基础。它们既相互对立又相互依存，共同营造出丰富多彩的视觉空间。以下从四个方面详细分析色彩对比与和谐在园林设计中的应用：

### （一）色彩对比的原则与应用

色彩对比是指将两种或多种色彩并置在一起，通过它们之间的色相、明度、纯度等差异，形成视觉上的强烈反差和冲击力。在园林设计中，色彩对比的原则可以通过以下几种方式应用。

1. 色相对比：利用不同色相之间的差异性进行对比，如红色与绿色、黄色与紫色等。这种对比方式可以产生鲜明、生动的视觉效果，适用于需要突出焦点或营造热烈氛围的场合。

2. 明暗对比：通过不同明度的色彩并置，形成明暗的强烈对比。明亮的色彩可以吸引人们的视线，暗色的部分则能衬托明亮部分的光彩。这种对比方式常用于营造空间感和层次感。

3. 纯度对比：纯度高的色彩鲜艳、饱满，纯度低的色彩柔和、淡雅。在园林设计中，可以通过纯度对比营造不同的氛围和情绪。高纯度色彩适用于需要营造热烈、活泼氛围的场合，低纯度色彩则适用于需要营造宁静、平和氛围的场合。

### （二）色彩和谐的原则与应用

色彩和谐是指通过调整不同色彩之间的关系，使它们在视觉上达到一种平衡、协调的状态。在园林设计中，色彩和谐的原则可以通过以下几种方式应用。

1. 相似色和谐：选择色相相近或相邻的色彩进行搭配，形成柔和、协调的视觉效果。这种搭配方式可以营造温馨、宁静的氛围，适用于舒适、放松的环境。

2. 互补色和谐：利用色轮上相对位置的颜色进行搭配，如红色与绿色、黄色与紫色等。这种搭配方式可以产生强烈的视觉冲击力，但需要注意互补色之间的面积比例和位置关系，以免过于刺眼或失衡。

3. 色彩过渡和谐：通过逐渐提升或降低色彩的纯度、明度等，形成自然过渡的视觉效果。这种搭配方式可以使不同色彩之间的过渡更加自然、流畅，避免突兀和生硬的感觉。

### （三）对比与和谐的平衡

在园林设计中，对比与和谐并非孤立存在的，而是相互依存、相互渗透的。对比可以产生强烈的视觉冲击力和动感，而和谐能营造宁静、舒适的氛围。因此，在色彩搭配中需要找到对比与和谐的平衡点，使两者相互补充、相得益彰。这需要根据具体的设计需求和场地条件灵活运用对比与和谐的原则。

### （四）色彩搭配在园林设计中的实践意义

色彩搭配在园林设计中具有重要的实践意义。首先，合理的色彩搭配可以营造符合设计主题和氛围的视觉效果，增强园林空间的感染力和吸引力。其次，色彩搭配可以引导人们的视线和行为，营造有层次、有节奏的空间感。最后，色彩搭配可以增强园林空间的生态功能和可持续性，设计师应选择适应性强、生长良好的植物品种增加园林的绿量和生态效益。因此，在园林设计中应充分重视色彩搭配的运用和实践。

## 二、色彩的主次关系

在园林设计中，色彩的主次关系是指各种色彩在视觉上的重要性和地位，以及它们之间的相互关系和层次。明确色彩的主次关系对于营造和谐、有序且富有层次感的园林空间至关重要：

在园林设计中，色彩的主次关系原则主要体现在以下几个方面。

1. 主导色：主导色是园林空间中占据主要地位的色彩，通常与园林的主题、氛围和功能密切相关。主导色应具有较强的识别性和稳定性，能够形成统一的视觉感受。

2. 辅助色：辅助色用于衬托和强化主导色，增强园林空间的层次感和丰富性。辅助色应与主导色相协调，避免过于突兀或杂乱。

3. 点缀色：点缀色用于点缀和突出园林空间中的重点区域或元素，如雕塑、花坛、亭台等。点缀色应具有鲜明的个性和强烈的视觉效果，能够吸引人们的注意力。

以下从四个方面详细分析色彩的主次关系在园林设计中的应用。

## （一）主导色的选择与运用

在园林设计中，主导色的选择与运用至关重要。首先，主导色应与园林的主题和氛围相契合，如自然风格园林的主导色通常为绿色、棕色等自然色系，现代风格园林的主导色是更为鲜明、独特的色彩。其次，主导色应具有较强的稳定性和统一感，以确保园林空间的整体性和协调性。在运用主导色时，可以通过植物的种植、地面的铺装、建筑的立面等方式进行表达。

## （二）辅助色的选择与搭配

辅助色在园林设计中起到衬托和强化主导色的作用。在选择辅助色时，应充分考虑其与主导色的协调性，以及园林空间的整体风格和氛围。辅助色可以通过植物的色彩、景观小品、水景等元素进行表达。在搭配辅助色时，应注意色彩的对比与和谐关系，避免过于突兀或杂乱。同时，应考虑辅助色在空间分布上的均衡性和层次感，以营造有序、和谐的视觉效果。

## （三）点缀色的运用与效果

点缀色在园林设计中起到画龙点睛的作用，能够突出园林空间的重点区域或元素。在选择点缀色时，应充分考虑其个性化和视觉冲击力，以及其与主导色和辅助色的协调性。点缀色可以通过植物的色彩、景观小品、灯光等元素进行表达。在运用点缀色时，应注意其数量和位置的控制，避免过于繁多或杂乱无章。同时，应根据园林空间的功能和氛围需求进行灵活搭配与运用，以营造独特、富有魅力的视觉效果。

## （四）色彩主次关系在园林设计中的实践意义

明确色彩的主次关系在园林设计中具有重要的实践意义。首先，它有助于形成统一、协调的视觉效果，增强园林空间的整体性和识别性。其次，通过合理运用主导色、辅助色和点缀色等色彩元素，可以营造丰富多样、层次分明的空间感，提高园林空间的观赏价值和艺术性。最后，色彩的主次关系与人们的心理感受和情感体验密切相关，合理运用色彩可以打造符合人们心理需求和审美追求的园林空间。因此，在园林设计中应充分重视色彩主次关系的运用和实践。

### 三、色彩的节奏与韵律

在园林设计中，色彩的节奏与韵律是构成视觉美感的重要因素之一。它们通过色彩的重复、变化、过渡和对比等手法，形成具有节奏感和韵律感的视觉体验，为园林空间带来了动态和活力。以下从四个方面详细分析色彩的节奏与韵律在园林设计中的应用：

#### （一）色彩节奏的基本原理

色彩节奏是指在园林空间中，通过色彩的重复、渐变、交错等手法形成的具有一定规律性和秩序感的视觉现象。它可以使人们在欣赏园林时感受到一种节奏感和韵律感，从而增强园林空间的动态和活力。色彩节奏的基本原理包括以三种：

1. 重复节奏：通过相同或相似的色彩元素在园林空间中的重复出现，形成连续、稳定的节奏感。这种节奏可以使园林空间显得统一、有序。

2. 渐变节奏：通过色彩的逐渐变化，如明度、纯度、色相等方面的变化，形成一种逐渐过渡、流畅自然的节奏感。这种节奏可以使园林空间呈现柔和、舒缓的视觉效果。

3. 交错节奏：通过不同色彩元素在园林空间中的交错出现，形成一种交替、起伏的节奏感。这种节奏可以使园林空间显得生动、活泼。

#### （二）色彩节奏在园林设计中的应用

在园林设计中，可以通过植物配置、景观小品、铺装材料等元素营造色彩节奏。例如，在植物配置方面，可以通过种植色彩相同或相似的植物形成重复节奏，可以通过种植色彩不同但相互协调的植物形成渐变节奏，还可以通过种植色彩对比强烈的植物形成交错节奏。在景观小品和铺装材料方面，可以通过选择具有相似或对比色彩的元素形成一定的色彩节奏。

#### （三）色彩韵律的形成

色彩韵律是指在园林空间中，通过色彩的起伏、波动、跳跃等手法形成的具有旋律感和音乐性的视觉现象。它可以使人们在欣赏园林时感受到一种和谐、优美的情感体验。形成色彩韵律的关键在于把握色彩的动态变化和流动性，使色彩在空间中产生流动和变化的效果。

在园林设计中，可以通过多种手法形成色彩韵律。例如，在植物配置方面，可以通过种植具有季节性变化的植物形成色彩的起伏和波动，也可以通过种植具有不同花期的植物形成色彩的跳跃和变化。在景观小品和铺装材料方面，可以通过选择具有流动感和动态变化的元素营造色彩韵律。

### （四）色彩节奏与韵律的综合运用

在园林设计中，色彩节奏与韵律的综合运用可以使园林空间更具动态和活力，同时增强园林空间的层次感和深邃感。在实际应用中，需要根据园林空间的具体情况和设计需求，灵活运用色彩节奏与韵律的原理和手法。例如，在需要营造宁静、平和氛围的园林空间中，可以更多地运用渐变节奏和柔和的色彩；在需要营造生动、活泼氛围的园林空间中，可以更多地运用交错节奏和对比强烈的色彩。

总之，色彩节奏与韵律是园林设计中不可或缺的元素之一。合理运用色彩节奏与韵律的原理和手法，可以营造出具有动态美感和能引发情感共鸣的园林空间，为人们带来更加丰富多彩的视觉体验。

## 四、色彩的统一与变化

在园林设计中，色彩的统一与变化是营造视觉和谐与动态美感的关键要素。它们相互依存，共同构成了园林空间丰富多彩的视觉效果。以下从四个方面详细分析色彩的统一与变化在园林设计中的应用：

### （一）色彩的统一性原则

色彩的统一性是园林设计中追求和谐与协调的重要原则之一。它强调在园林空间中使用相近的色彩，以形成统一、整体的视觉效果。统一性原则的应用主要体现在以下几个方面。

1. 主导色彩的确定：在园林设计中，首先需要确定一个主导色彩，这个色彩将成为园林空间的主色调，贯穿整个设计的始终。主导色彩的选择应考虑到园林的主题、氛围和风格，以及其与周围环境的协调性。

2. 色彩搭配的和谐性：在确定了主导色彩后，需要选择与之相协调的色彩进行搭配。这些色彩可以在色相、明度、纯度等方面与主导色彩保持一定的相似性，从而形成和谐统一的视觉效果。

3. 材质的统一性：除了色彩本身外，在园林设计中还需要考虑材质的统一性。相同或相似的材质可以进一步强调色彩的统一性，使园林空间更加和谐、完整。

### （二）色彩的变化性应用

虽然统一性是园林设计不可或缺的原则，但过度的统一也会使园林空间显得单调乏味。因此，在追求统一性的同时，还需要适当地引入变化性，使园林空间更加丰富多彩。变化性的应用主要体现在以下几个方面。

1. 色彩的对比与冲突：在园林设计中，通过引入与主导色彩对比强烈的色彩元素，形成视觉上的冲突和张力。这种对比可以使园林空间更加生动、活泼，增强人们的视觉感受。

2. 色彩的层次与过渡：在统一性的基础上，通过引入不同明度、纯度的色彩元素，形成色彩的层次与过渡。这种层次与过渡可以使园林空间更加立体、丰富，进而增强人们的空间感受。

3. 色彩的动态变化：在园林设计中，可以利用植物的生长变化、季节变化等因素，形成色彩的动态变化。这种变化可以使园林空间更加生动、有趣，增强人们的参与感和体验感。

### （三）统一与变化的平衡

在园林设计中，统一与变化并非孤立存在，而是相互依存、相互渗透的。过度的统一会使园林空间显得单调乏味，的过度的变化则会使园林空间显得杂乱无章。因此，在追求统一与变化的过程中，需要找到二者之间的平衡点。这个平衡点应根据园林空间的具体情况和设计需求进行确定，以实现视觉上的和谐与动态美感。

### （四）色彩统一与变化在园林设计中的实践意义

色彩统一与变化在园林设计中具有重要的实践意义。首先，它们可以使园林空间更加和谐、完整，形成统一、整体的视觉效果。其次，它们可以增强园林空间的层次感和深邃感，使空间更加立体、丰富。最后，它们可以提高园林空间的观赏价值和艺术性，为人们带来更加丰富多彩的视觉体验。因此，在园林设计中应充分重视色彩统一与变化的应用和实践。通过合理运用色彩统一与变化的原则和手法，设计师可以打造出既和谐统一又富有变化的园林空间，满足人们的审美需求和精神追求。

# 第四节　季节色彩的设计与应用

## 一、春季色彩的设计

春季，万物复苏，生机勃勃，是大自然色彩最为丰富和绚烂的季节。在园林设计中，春季色彩的设计尤为重要，它能够为人们带来温馨、愉悦的视觉体验，也能够增强园林空间的生命力和活力。以下从四个方面详细分析春季色彩的设计。

### （一）春季色彩的特点与选择

春季色彩的特点主要表现为明亮、鲜艳、柔和，充满了生机和活力。在色彩选择上，应以暖色系为主，如粉色、黄色、绿色等，这些色彩能够营造出温馨、欢快的氛围。同时，可以适当引入一些对比强烈的色彩，如红色、紫色等，以增强空间的活力和趣味性。

在具体设计中，可以根据园林空间的主题和风格选择适合的色彩。例如，在浪漫风格的园林中，可以选择粉色、白色等柔和的色彩，以营造浪漫、唯美的氛围；在现代风格的园林中，则可以选择更为鲜艳、明亮的色彩，以突出空间的现代感和时尚感。

### （二）春季植物的配置与应用

春季是植物生长的旺盛期，各种花卉和树木开始绽放新绿，形成丰富多彩的植物景观。在春季色彩的设计中，植物的配置与应用非常关键。

首先，要根据植物的开花期和花色选择适合的植物品种。例如，樱花、桃花、杏花等花卉在春季盛开，能够为园林空间带来浓郁的春天气息。同时，要考虑到植物的形态、高度、质感等因素，以营造层次丰富、错落有致的植物景观。

其次，在植物的配置上，要注重色彩的搭配和层次的变化。可以将不同花色、不同高度的植物进行组合搭配，形成色彩丰富、层次分明的植物群落。同时，可以利用植物之间的遮挡和透视关系，营造虚实相生的空间效果。

### （三）春季色彩的布局与构图

在春季色彩的设计中，布局与构图是至关重要的环节。合理的布局与构图，可以将春季的色彩元素有机地融合在一起，为园林空增添了整体感和韵律感的。

在布局上，可以采用中心对称、轴对称、自由式等布局形式。应根据园林空间的大小、形状和功能选择适合的布局形式。同时，在布局中要考虑到色彩的对比与协调关系，以及空间的比例和尺度关系。

在构图上，可以采用重复、渐变、对比等手法，营造节奏感和韵律感。通过色彩的重复出现和变化过渡，形成具有连续性和流动性的视觉效果。同时，要注重构图的平衡感和稳定感，以及视觉焦点的设置和引导。

### （四）春季色彩与其他元素的融合

在春季色彩的设计中，需要注意植物与其他元素融合和协调。这些元素包括地形、水体、建筑、小品等。

在地形设计上，可以利用地形的高低起伏和层次变化营造丰富的空间效果，并与春季的色彩元素相协调。在水体设计上，可以运用水面的倒影和波光增强空间的灵动感与深邃感，并与周围的植物和色彩元素相互映衬。在建筑和小品的设计上，可以运用色彩和形态营造与春季主题相契合的氛围和风格。

总之，春季色彩的设计需要综合考虑多个方面的因素，包括色彩的特点与选择、植物的配置与应用、色彩的布局与构图以及植物色彩与其他元素的融合等。设计师通过精心设计和巧妙搭配，可以打造出充满生机和活力的春季园林空间。

## 二、夏季色彩的设计

夏季，阳光炽热，万物繁茂，是大自然色彩最为热烈和丰富的季节。在园林设计中，夏季色彩的设计同样重要，它能够为人们带来清凉、舒适的视觉体验，也能够营造出的园林空间活力和生机。以下从四个方面详细分析夏季色彩的设计。

## （一）夏季色彩的特点与选择

夏季色彩的特点主要表现为明亮、鲜艳、热烈，充满活力和生机。在色彩选择上，应以明亮、鲜艳的色调为主，如鲜黄色、橙色、绿色等，这些色彩能够带来清凉、舒适的视觉感受，也能够增强空间的活力和热情。

在具体设计中，可以根据园林空间的主题和风格选择适合的色彩。例如，在热带风格的园林中，可以选择鲜艳的橙色、红色等色彩，以营造具有热带风情的热烈氛围；在地中海风格的园林中，则可以选择更为清新、自然的绿色和蓝色，以强调空间的自然和舒适感。

## （二）夏季植物的配置与应用

夏季是植物生长最为旺盛的季节，各种花卉和树木都展现出最为繁茂的姿态。在夏季色彩的设计中，植物的配置与应用是至关重要的一环。

首先，要选择适合夏季生长的植物品种，这些植物应具有耐热、耐旱、抗病虫害等特点。同时，要考虑到植物的花色、叶色和形态等因素，以营造丰富多彩的植物景观。

其次，在植物的配置上，要注重色彩的搭配和层次的变化。可以将不同花色、不同高度的植物进行组合搭配，以形成色彩丰富、层次分明的植物群落。同时，可以利用植物之间的遮挡和透视关系，营造虚实相生的空间效果。

## （三）夏季色彩的布局与构图

在夏季色彩的设计中，布局与构图同样重要。合理的布局与构图，可以将夏季的色彩元素有机地融合在一起，整体感和韵律感。

在布局上，可以采用自由式、对称式等为园林空间增添布局形式。根据园林空间的大小、形状和功能，选择适合的布局形式。同时，在布局中要考虑到色彩的对比与协调关系，以及空间的比例和尺度关系。

在构图上，可以运用重复、渐变、对比等手法，营造节奏感和韵律感，通过色彩的重复出现和变化过渡，形成具有连续性和流动性的视觉效果。同时，要注重构图的平衡感和稳定感，以及视觉焦点的设置和引导。

### （四）夏季色彩与其他元素的融合

在夏季色彩的设计中需要注意植物色彩与其他元素的行融合和协调。这些元素包括地形、水体、建筑、小品等。

在地形设计上，可以利用地形的高低起伏和层次变化营造丰富的空间效果，并与夏季的色彩元素相协调。在水体设计上，可以运用水面的倒影和波光，增强空间的灵动感和深邃感，并与周围的植物和色彩元素相互映衬。在建筑和小品的设计上，可以运用色彩和形态营造与夏季主题相契合的氛围和风格。

此外，夏季色彩的设计还需要考虑到人们的心理感受和需求。例如，在炎热的夏季，人们更希望看到清新、凉爽的色彩，因此，可以适当增加蓝色、白色等冷色调的运用，以营造清凉、舒适的氛围。

总之，夏季色彩的设计需要综合考虑多个方面的因素，包括色彩的特点与选择、植物的配置与应用、色彩的布局与构图以及植物色彩与其他元素的融合等。设计师通过精心设计和巧妙搭配，可以打造出充满活力和生机的夏季园林空间。

## 三、秋季色彩的设计

秋季，是一个丰收的季节，大自然的色彩由热烈逐渐转向柔和与深沉。在园林设计中，秋季色彩的设计能够展现独特的韵味和魅力，为人们带来宁静、温暖的视觉享受。以下从四个方面详细分析秋季色彩的设计：

### （一）秋季色彩的特点与选择

秋季色彩的特点主要表现为温暖、柔和、深沉，带有一种成熟和丰收的韵味。在色彩选择上，应以暖色系为主，如金黄色、橙色、棕色等，这些色彩能够营造温馨、宁静的氛围。同时，可以适当引入一些冷色调，如蓝色、紫色等，以增强空间的层次感和深邃感。

在具体设计中，可以根据园林空间的主题和风格选择适合的色彩。例如，在古典风格的园林中，可以选择更为深沉、稳重的色彩，如棕色、暗红色等，以营造古典、优雅的氛围；在现代简约风格的园林中，则可以选择更为明亮、简洁的色彩，以突出空间的现代感和简洁性。

### （二）秋季植物的配置与应用

秋季是许多植物果实成熟、叶片变色的季节，这为园林设计提供了丰富的色彩素材。在秋季色彩的设计中，植物的配置与应用也很关键。

首先，要选择适合秋季生长的植物品种，这些植物应具有耐寒、耐旱、抗病虫害等特点。同时，要考虑到植物在秋季的叶色和果实颜色，以营造丰富多彩的植物景观。

其次，在植物的配置上，要注重色彩的搭配和层次的变化。不仅可以将不同叶色、不同果色的植物进行组合搭配，形成色彩丰富、层次分明的植物群落。可以利用植物之间的遮挡和透视关系，营造虚实相生的空间效果。

### （三）秋季色彩的布局与构图

在秋季色彩的设计中，布局与构图同样重要。合理的布局与构图，可以将秋季的色彩元素有机地融合在一起，整体感和韵律感。

在布局上，可以采用对称式、自由式等布局形式。应根据园林空间的大小、形状和功能需求选择适合的布局形式。同时，在布局中要考虑到色彩的对比与协调关系，以及空间的比例和尺度关系。

在构图上，可以运用重复、渐变、对比等手法，以营造节奏感和韵律感，通过色彩的重复出现和变化过渡，形成具有连续性和流动性的视觉效果。同时，要注重构图的平衡感和稳定感，以及视觉焦点的设置和引导。

### （四）秋季色彩与其他元素的融合

在秋季色彩的设计中，需要注意植物色彩与其他元素的融合和协调。这些元素包括地形、水体、建筑、小品等。

在地形设计上，可以利用地形的高低起伏和层次变化营造丰富的空间效果，并与秋季的色彩元素相协调。在水体设计上，可以运用水面的倒影和波光增强空间的灵动感和深邃感，并与周围的植物和色彩元素相互映衬。在建筑和小品的设计上，可以运用色彩和形态营造与秋季主题相契合的氛围和风格。

此外，在秋季色彩的设计中，还可以考虑引入一些文化元素和象征意义。例如，金黄色和橙色常常与丰收、富饶相联系，因此可以在设计中适当运用这些色彩，以强调秋季的丰收主题。同时，可以利用一些具有象征意义的植物和图案来丰富设计的文化内涵。

总之，秋季色彩的设计需要综合考虑多个方面的因素，包括色彩的特点与选择、植物的配置与应用、色彩的布局与构图以及植物色彩与其他元素的融合等。设计师通过精心设计和巧妙搭配，可以打造出充满韵味和魅力的秋季园林空间。

## 四、冬季色彩的设计

冬季，大地银装素裹，色彩逐渐趋于单一和沉静。在园林设计中，冬季色彩的设计同样具有独特的魅力和意义，能够给人们带来宁静、纯净的视觉感受。以下从四个方面详细分析冬季色彩的设计：

### （一）冬季色彩的特点与选择

冬季色彩的特点主要表现为冷色调的广泛应用，如白色、灰色、蓝色等，这些色彩能够营造沉静、纯净的氛围。在色彩选择上，应以冷色系为主，通过不同深浅的冷色调丰富空间的层次。同时，可以适当引入一些暖色调，如红色、橙色等，以增强空间的温暖感和活力。

在具体设计中，可以根据园林空间的主题和风格来选择适合的色彩。例如，在北欧风格的园林中，可以大量运用白色、灰色等冷色调，以营造简洁、纯净的氛围；在中式风格的园林中，则可以结合红色、金色等暖色调，以强调冬季的喜庆和节日氛围。

### （二）冬季植物的配置与应用

冬季植物的配置与应用在冬季色彩设计中占据了重要地位。由于许多植物在冬季进入休眠期，应选择具有耐寒性、常绿或落叶后具有独特形态的植物品种。

在植物的配置上，可以将常绿植物作为背景或骨架，以稳定空间结构。同时，可以引入一些冬季开花或具有鲜艳果实的植物，如蜡梅、南天竹等，为冬季园林增添一抹亮色。此外，树木落叶后的枝干形态也是冬季园林设计中不可忽视的元素，可以通过适当的修剪和布局，展现其独特的形态美。

## （三）冬季色彩的布局与构图

在冬季色彩的布局与构图中，应注重空间的层次感和节奏感。冬季的色彩较为单一，需要通过合理的布局与构图以增强空间的视觉冲击力。

在布局上，可以采用对称式或自由式。应根据园林空间的大小、形状和功能选择适合的布局方式。同时，在布局中应充分考虑色彩的对比与协调关系，通过不同深浅的冷色调营造空间的层次感。此外，还可以通过设置视觉焦点和引导线等方式增强空间的导向性与趣味性。

在构图上，可以运用重复、渐变、对比等手法营造节奏感和韵律感，通过不同色彩的重复出现和变化过渡，形成具有连续性和流动性的视觉效果。同时，要注重构图的平衡感、稳定感以及空间的比例和尺度关系。

## （四）冬季色彩与其他元素的融合

在冬季色彩的设计中，需要注重植物色彩与其他元素的融合和协调。这些元素包括地形、水体、建筑、小品等。

在地形设计上，可以利用地形的高低起伏和层次变化营造丰富的空间效果，并与冬季的色彩元素相协调。在水体设计上，可以运用水面的倒影和冰面增强空间的纯净感与宁静感，并与周围的植物和色彩元素相互映衬。在建筑和小品的设计上，可以运用色彩和形态营造与冬季主题相契合的氛围和风格，如采用白色或灰色调的建筑材料和装饰元素来强调冬季的纯净感。

此外，在冬季色彩的设计中还可以考虑引入一些文化元素和象征意义。例如，在中华的优秀传统文化中，红色常常与喜庆、吉祥相联系，因此在冬季的园林设计中可以适当运用红色元素增添节日氛围；白色则象征着纯洁、高雅，在冬季园林设计中可以大量运用白色营造纯净、宁静的空间氛围。

总之，冬季色彩的设计需要综合考虑多个方面的因素，包括色彩的特点与选择、植物的配置与应用、色彩的布局与构图以及植物色彩与其他元素的融合等。设计师通过精心设计和巧妙搭配，可以打造出具有独特魅力和意义的冬季园林空间。

# 第五节　色彩设计与情感表达

## 一、色彩与情感的联系

色彩不仅仅是视觉感知的一部分，更与人类的情感紧密相关。在色彩设计中，理解色彩与情感之间的联系对于创造能够触动人心、引起共鸣的空间环境至关重要。以下从四个方面详细分析色彩与情感的联系：

### （一）色彩的心理效应

色彩具有直接的心理效应，能够引发人们不同的情绪反应。例如，暖色调（如红色、橙色、黄色）通常能够带来温暖、活力、热烈等积极情绪，冷色调（如蓝色、绿色、紫色）则常常使人感到冷静、平静、清新。此外，色彩的明暗、饱和度等也会影响人们的心理感受。明亮、鲜艳的色彩能够激发人们的活力和兴奋感，暗淡、柔和的色彩则能够带来安静、舒适的感受。

在色彩设计中，我们可以利用色彩的心理效应营造特定的氛围。例如，在需要营造轻松、愉快氛围的场所（如儿童游乐区、咖啡厅等），可以运用明亮、鲜艳的暖色调增强空间的活力；在需要营造安静、平和氛围的场所（如图书馆、冥想室等），则可以运用柔和、暗淡的冷色调营造宁静的氛围。

### （二）色彩的文化内涵

色彩在不同的文化中具有不同的象征意义和内涵。这些文化内涵往往与人们的宗教信仰、历史传统、审美观念等密切相关。例如，在中华优秀传统文化中，红色象征着喜庆、吉祥和幸福，因此会在新年、婚礼等喜庆场合大量运用红色元素；在西方文化中，白色则常常象征着纯洁、神圣和高贵，因此会在婚礼、教堂等场所广泛运用白色元素。

在色彩设计中，我们需要考虑目标受众的文化背景和审美观念，避免使用可能引起误解或不适的色彩。同时，我们可以通过巧妙运用色彩的文化内涵彰显设计的文化底蕴和增强其表现力。例如，在设计中融入中华优秀传统文化的色彩元素，可以营造出具有浓郁中国风的氛围；运用西方文化的色彩元素，则可以展现时尚、现代的设计风格。

### （三）色彩的生理影响

色彩不仅具有心理效应和文化内涵，还能够对人的生理产生影响。例如，蓝色能够降低人的心率和血压，有助于人们放松身心；红色则能够刺激人的神经系统和循环系统，使人感到兴奋和紧张。这些生理影响虽然不如心理效应那么显著，但在一些特定的场合和环境中仍然具有重要意义。

在色彩设计中，我们需要根据空间的功能和使用者的需求，选择合适的色彩。例如，在需要放松身心的场所（如 SPA 中心、瑜伽馆等），可以运用蓝色等能够降低心率和血压的色彩营造宁静、舒适的氛围；在需要激发活力和创造力的场所（如办公室、创意工作室等），则可以运用红色等能够刺激神经系统的色彩激发人们的创造力和想象力。

### （四）色彩的情感表达

色彩具有强大的情感表达能力，能够直接传递设计者的意图和情感。通过巧妙的色彩搭配和运用，我们可以营造不同的情感氛围和情绪体验。例如，运用柔和、温暖的色彩可以表达关爱、温馨的情感，运用明亮、鲜艳的色彩则可以表达活力、热情的情感。

在色彩设计中，我们需要根据设计的主题和风格选择合适的色彩搭配与运用方式。通过运用不同的色彩组合和搭配技巧，我们可以营造丰富多彩、具有强烈情感表达力的设计作品。同时，我们需要注重色彩与空间形态、材质等其他设计元素的协调与统一，以产生和谐、统一的设计效果。

## 二、色彩在园林设计中的情感表达

在园林设计中，色彩不仅作为视觉元素为空间增添美感，还承载着丰富的情感表达。色彩的选择和搭配能够直接影响人们的情绪体验，营造出不同的氛围。以下从四个方面详细分析色彩在园林中的情感表达：

### （一）色彩与园林氛围的营造

色彩在园林设计中扮演着营造氛围的重要角色。不同的色彩能够传递不同的情感，从而营造出独特的园林氛围。例如，暖色调如红色、橙色和黄色能够营造温暖、热烈的氛围，适合用于营造欢快的节日气氛或热烈的迎宾场所；冷色调如蓝色、绿色和紫色则能够营造宁静、清凉的氛围，适合用于休闲放松的园林空间。通过精心选择色彩，园林设计师可以创造出符合人们心理需求的情感环境。

在营造园林氛围时，色彩的选择还需要考虑园林的主题和风格。比如，中式园林注重自然和谐、含蓄内敛，因此在色彩选择上多以自然色为主，如绿色、棕色等，以营造古朴典雅的氛围；西式园林则更加注重对称、几何形状和色彩对比，因此多运用更加鲜艳、对比强烈的色彩，以营造活力四射的氛围。

### （二）色彩与季节变化的情感共鸣

园林中的色彩随着季节的变化而变化，这种变化能够引发人们的情感共鸣。春季的嫩绿、夏季的繁花、秋季的金黄和冬季的银白，每个季节都有其独特的色彩特征。这些色彩不仅为人们带来了视觉上的享受，还激发了人们对自然和生命的敬畏与热爱。

在园林设计中，可以通过色彩的变化强调季节的转换和时间的流逝。例如，在春季可以运用嫩绿色、粉红色等色彩，象征生命的复苏和希望的萌芽；在秋季可以运用金黄色、橙红色等色彩，展现丰收的喜悦和岁月的沉淀。这种色彩的变化不仅能够增强园林的观赏性，还能够加深人们对自然和生命的理解与感悟。

### （三）色彩与空间层次的划分

在园林设计中，色彩可以用来划分空间层次。不同色彩的运用和搭配，可以营造出丰富的空间层次感和立体感。例如，在前景植物的选择上，可以使用鲜艳、明亮的色彩，以吸引人们的注意力；在中景和背景植物的选择上，则可以使用较为柔和、自然的色彩，以营造深远的空间感。

此外，色彩还可以用来强调或弱化某些空间元素。例如，在需要强调的景点或雕塑周围，可以运用鲜艳的色彩突出其重要性；在需要弱化或隐藏的空间区域，则可以运用较为暗淡或单调的色彩来降低其视觉冲击力。巧妙的色彩运用和搭配，设计师可以打造出和谐统一、层次分明的园林空间。

### （四）色彩与情感记忆的关联

色彩在人们的记忆中扮演着重要的角色。某些特定的色彩能够引发人们的情感共鸣和记忆联想。在园林设计中，可以运用这些具有情感记忆关联的色彩，增强空间的感染力和亲和力。例如，红色常常与喜庆、热情等情感相关联，因此在园林设计中可以运用红色元素营造欢快的氛围；蓝色常常与宁静、清凉等情感相关联，因此在园林设计中可以运用蓝色元素打造宁静的休闲空间。

通过色彩与情感记忆的关联，园林设计师可以创造出具有独特情感价值和意义的园林空间。这些空间不仅能够满足人们的审美需求，还能够引发人们的情感共鸣和回忆联想，增强人们对园林的认同感和归属感。

## 三、色彩设计在园林设计中的心理效应

在园林设计中，色彩设计不仅仅能为人们带来视觉上的享受，更能够产生深刻的心理效应。色彩的选择和搭配能够直接影响人们的情绪、感知和行为，为园林空间的游客带来独特的心理体验。以下从四个方面详细分析色彩设计在园林设计中的心理效应：

### （一）色彩与情绪调节

色彩在园林设计中对人们的情绪有着显著的调节作用。不同的色彩能够引发不同的情绪反应，从而影响人们在园林空间中的感受和体验。暖色调如红色、橙色等能够激发人们的活力和热情，带来兴奋和快乐的情绪；冷色调如蓝色、绿色等则能够带来平静和安宁的情绪，有助于人们放松身心。

在园林设计中，可以根据场所的功能和需求选择合适的色彩。在需要营造欢快氛围的场所，如儿童游乐区、主题公园等，可以运用鲜艳、明亮的暖色调激发人们的活力和热情；在需要营造宁静氛围的场所，如禅意花园、冥想区等，则可以运用柔和、淡雅的冷色调营造平静和安宁的环境。

### （二）色彩与空间感知

色彩在园林设计中能够影响人们对空间的感知。通过色彩的运用，我们可以调整空间的尺度感、距离感和深邃感，使空间更加舒适和宜人。例如，浅色调能够强化空间感，使空间显得更加宽敞和明亮；深色调则能够弱化空

间感，使空间显得更加紧凑和温馨。

在园林设计中，可以利用色彩的空间感知效应优化空间布局和视觉效果。在需要营造开阔感的空间中，如草坪、广场等，可以运用浅色调扩展空间感，增强空间的开放性；在需要营造私密感的空间中，如小花园、休息区等，则可以运用深色调弱化空间感，增强空间的亲密性和温馨感。

### （三）色彩与注意力引导

色彩在园林设计中具有引导注意力的功能。鲜艳、明亮的色彩能够迅速吸引人们的注意力，引导人们关注特定的空间元素或景观节点。这种注意力引导效应在园林设计中具有重要的应用价值。

在需要强调特定景观节点的场所，如雕塑、喷泉等，可以运用鲜艳、明亮的色彩突出其重要性和吸引力；在需要营造安静、平和氛围的场所，则可以避免使用过于鲜艳的色彩，以免分散人们的注意力。巧妙的色彩运用和搭配，设计师可以创造出富有层次感和节奏感的园林空间。

### （四）色彩与文化认同

色彩在园林设计中承载着文化认同的意义。不同的色彩在不同的文化中具有不同的象征意义和内涵。在园林设计中运用具有文化认同感的色彩，可以增强人们对园林空间的认同感和归属感。

例如，在中华优秀传统文化中，红色象征着喜庆、吉祥和热情；黄色象征着尊贵、权力和财富。我们在园林设计中可以运用这些具有文化内涵的色彩打造具有中国特色的园林空间。这种色彩的文化认同感不仅可以增强人们对园林空间的认同感和归属感，还可以传承和弘扬民族文化。

综上所述，色彩设计在园林设计中能产生多方面的心理效应。通过合理的色彩选择和搭配，我们可以营造出符合人们心理需求的园林空间环境，增强人们的情感体验和幸福感。

## 四、色彩设计在园林设计中的情感交流

在园林设计中，色彩不仅仅作为视觉元素丰富了空间的层次和美感，更重要的是，它承载着丰富的情感信息，成为园林与观者之间情感交流的桥梁。

以下从四个方面详细分析色彩设计在园林设计中的情感交流：

## （一）色彩与情感共鸣

色彩设计在园林设计中能够引发观者的情感共鸣。不同的色彩能够触发人们内心深处的情感记忆，带来与之相关的情感体验。例如，温暖的橙色和红色能够带来温馨与热情的感觉，让人联想到家庭的温暖和友情的真挚；清新的绿色和蓝色能带来宁静与舒适的感觉，让人心境平和、放松身心。

在园林设计中，设计师可以通过精心选择色彩，创造出与人们情感需求相契合的景观空间。当观者置身于这样的空间时，他们能够感受到设计师所传达的情感信息，从而与园林空间产生情感共鸣。这种情感共鸣不仅增强了观者对园林的认同感和归属感，也丰富了他们的情感体验。

## （二）色彩与情感表达

色彩设计在园林设计中是一种情感表达的方式。设计师通过运用不同的色彩组合和搭配，将他们的设计理念、情感态度和审美观念融入园林空间。这种情感表达可以是欢快的、宁静的、浪漫的或神秘的，它取决于设计师对色彩的理解和运用。

在园林设计中，色彩的情感表达具有多样性和丰富性。设计师可以根据园林的主题、功能和受众群体的需求，选择适合的色彩来表达他们的情感。例如，在主题公园中，设计师可以运用鲜艳、明亮的色彩表达欢乐和活力的主题；在纪念性园林中，可以运用庄重、沉稳的色彩表达纪念和缅怀的情感。

## （三）色彩与情感沟通

色彩设计在园林设计中能够促进观者与园林空间的情感沟通。色彩作为一种直观、易懂的视觉元素，能够迅速传达园林空间所要表达的情感信息。当观者看到色彩时，他们能够立即感受到园林空间所营造的氛围，从而与园林空间进行情感交流。

在园林设计中，色彩的情感沟通作用尤为重要。设计师需要充分考虑观者的感受和需求，通过色彩设计引导观者的情感反应和行为表现。例如，在需要营造宁静氛围的园林空间中，设计师可以运用柔和、淡雅的色调引导观者放松身心、静心思考；在需要激发活力氛围的园林空间中，可以运用鲜艳、明亮的色调引导观者积极参与、体验乐趣。

## （四）色彩与情感记忆

色彩设计在园林设计中能够唤醒观者的情感记忆。色彩作为一种强烈的视觉元素，能够迅速引发人们的情感反应和记忆联想。在园林空间中，在观者在看到熟悉的色彩时，会不由自主地回忆起与之相关的情感经历和记忆片段。

园林设计师可以利用色彩的情感记忆效应增强园林空间的感染力和吸引力。通过运用具有特定情感记忆的色彩元素，设计师可以引导观者产生情感共鸣和回忆联想，从而加深观者对园林空间的印象和理解。例如，在具有历史文化背景的园林中，设计师可以运用传统色彩元素唤醒观者对历史文化的记忆和认同；在具有地域特色的园林中，可以运用当地特有的色彩元素展现地域特色和民族风情。

# 第六章　园林植物的形态设计

## 第一节　植物形态的基本特征

### 一、植物形态的分类

植物形态作为园林设计中的重要元素，不仅仅为园林空间增添了生机与美感，更以其独特的形态语言传递着自然的气息与生命的力量。下面将从四个方面对植物形态的分类进行详细分析：

#### （一）植物形态的分类依据

植物形态的分类主要依据其生长习性、外观特征、生态功能及园林应用等方面。生长习性包括乔木、灌木、草本、藤本等，这些习性决定了植物在园林空间中的基本形态和布局方式；外观特征涉及植物的叶形、花色、果形等，这些特征直接影响植物在视觉上的表现力和吸引力；在生态功能方面，植物具有净化空气、调节气候、保持水土等重要功能，这些功能决定了植物在园林设计中的生态价值和环境适应性，在园林应用方面，植物可作为行道树、绿篱、地被等，其形态设计需根据具体应用场合进行选择和优化。

#### （二）乔木形态的分类

乔木作为园林中的主要树种，其形态多样，各具特色。从树冠形态来看，可分为圆球形、圆锥形、伞形等；从树干形态来看，可分为直干、曲干、分叉干等。这些形态差异不仅使乔木在园林空间中呈现出丰富的视觉效果，也影响了其生态功能和园林应用。例如，圆球形树冠的乔木适合作为庭荫树，为游客提供遮阳避暑的场所；圆锥形树冠的乔木适合作为景观焦点，吸引人们的视线。

### （三）灌木形态的分类

灌木作为园林中的辅助树种，其形态设计同样重要。灌木的形态主要包括丛生型、单干型、攀缘型等。丛生型灌木具有多个生长点，形态丰满，适合用于绿篱、花境等场所；单干型灌木具有一个明显的主干，形态挺拔，适合作为景观树或孤植树；攀缘型灌木具有攀附能力，能够依附在其他物体上生长，适合用于垂直绿化或景观墙面等场所。这些不同形态的灌木在园林设计中能够创造出不同的景观效果，丰富空间层次。

### （四）草本与藤本植物的形态分类

草本和藤本植物作为园林中的地被和攀附植物，其形态设计同样不容忽视。草本植物形态多样，包括直立型、匍匐型、丛生型等，这些形态差异使草本植物在园林空间中能够呈现出不同的覆盖效果和视觉效果。藤本植物以其独特的攀附能力和缠绕方式，为园林空间增添了独特的韵味和动感。在形态设计上，藤本植物可分为缠绕型、吸附型、钩刺型等，这些不同类型的藤本植物在园林中能够创造出不同的景观效果，如垂直绿化、景观墙面等。

综上所述，植物形态的分类是园林设计的重要基础。通过对植物形态的分类和了解，设计师可以更加准确地把握植物在园林空间中的表现力和应用价值，从而创造出更加优美、和谐、生态的园林空间。同时，植物形态的分类也为园林植物的种植、养护和管理提供了科学依据与参考。

## 二、植物形态的特点

植物形态作为园林设计中的核心要素之一，不仅展示了植物的自然美，也体现了植物在生态、美学和实用功能等方面的特点。以下将从四个方面详细分析植物形态的特点：

### （一）自然与生态特点

植物形态的首要特点是其自然与生态性。每种植物都有自己独特的生长习性和生态位，其形态设计反映了它们适应环境、生存繁衍的能力。例如，沙漠中的仙人掌具有肥厚多汁的叶片和短小的茎，以减少水分蒸发，适应干旱环境；热带雨林中的植物则具有宽大的叶片和复杂的树冠结构，以充分利用阳光和雨水。这些特点不仅展示了植物对环境的适应性，也为园林设计提供了丰富的自然元素和生态灵感。

园林设计中，利用植物的自然与生态特点，可以创造出与自然环境相协调、和谐共生的园林景观。设计师可以根据植物的生长习性和生态位，选择合适的植物种类和种植方式，以营造出具有生态价值和观赏价值的植物景观。同时，可以通过对植物形态的设计，来实现生态修复、环境改善和生物多样性保护等目标。

### （二）美学特点

植物形态的美学特点是其重要的艺术价值所在。植物以其独特的形态、色彩、质地和纹理等视觉元素，为园林设计提供了丰富的美学素材。不同的植物形态可以营造出不同的景观效果和氛围，如挺拔的乔木可以形成壮观的林荫大道；婀娜的藤本植物可以攀附在墙上，形成独特的景观墙面；鲜艳的花卉可以点缀在草坪上，形成五彩斑斓的花境。

园林设计利用植物形态的美学特点，可以创造出具有艺术感染力和视觉冲击力的植物景观。设计师可以通过植物的形态设计，将植物与其他景观元素相融合，形成独特的景观风格和主题。同时，可以植物的季相变化和生长过程，为园林空间增添动态美和生命力。

### （三）实用功能特点

植物形态具有实用功能特点。植物不仅具有观赏价值，还具有生态功能、经济价值和文化意义等实用功能。例如，乔木具有提供阴凉和遮风挡雨的功能，灌木可以作为绿篱或屏障起到分隔空间的作用，草本植物可以覆盖地面防止水土流失和保持土壤湿度。此外，植物还具有提供果实、木材、药材的经济价值和文化价值。

在园林设计中，利用植物形态的实用功能特点，可以满足多种实用功能需求。设计师可以根据园林空间的功能和使用要求，选择合适的植物种类和种植方式，以实现遮阳、隔音、防尘、降温等实用功能。同时，可以通过植物的种植和养护管理，来提高园林空间的生态价值和环境质量。

## （四）文化与象征意义特点

植物形态具有丰富的文化与象征意义特点。在不同的文化背景下，植物被赋予了不同的象征意义和寓意。例如，在中国文化中，竹子象征着坚韧不拔、高风亮节的精神；梅花象征着坚韧不拔、不畏严寒的品格；松树象征着长寿和永恒。这些象征意义不仅丰富了植物的文化内涵，也为园林设计提供了更多的文化元素和创作灵感。

在园林设计中，利用植物形态的文化与象征意义特点，可以创造出具有文化内涵和象征意义的植物景观。设计师可以通过植物的形态设计，将植物与园林空间的主题和风格相融合，以表达特定的文化寓意和象征意义。同时，可以通过植物的种植和养护管理，传承和弘扬植物文化，彰显园林空间的文化底蕴和内涵。

# 三、植物形态的生长习性

植物形态的生长习性是指植物在生长发育过程中，根据其遗传特性和环境条件所形成的特定生长方式与行为。这些生长习性不仅决定了植物的形态特点，也影响着植物在园林设计中的应用和养护管理。以下将从四个方面对植物形态的生长习性进行详细分析：

## （一）生长习性与遗传特性

植物的遗传特性是其生长习性形成的基础。不同种类的植物具有不同的遗传信息，这些遗传信息决定了植物的形态结构、生理功能和生长习性。例如，有的植物天生具有攀爬的能力，能够依附在其他物体上生长，形成独特的藤本植物景观；有的植物具有直立生长的特性，能够形成高大的乔木或灌木。

在园林设计中，了解植物的遗传特性和生长习性对于选择合适的植物种类至关重要。设计师可以根据植物的生长习性，选择能够适应园林空间环境和满足设计需求的植物种类。例如，在需要攀爬覆盖的墙面或栏杆上，可以选择具有攀爬能力的藤本植物；在需要形成景观焦点或提供遮阴的场所，可以选择具有高大树冠的乔木。

## （二）生长习性与环境条件

环境条件是影响植物生长习性的重要因素。光照、温度、水分、土壤等环境因素都会对植物的生长习性产生影响。例如，喜阴植物在光照不足的环境下能够正常生长，喜光植物则只有在充足的阳光下才能健康生长。此外，不同植物对水分和土壤的要求也不同，有些植物喜欢湿润的环境，有些植物则具有较强的耐旱能力。

在园林设计中，设计师需要充分考虑环境条件对植物生长习性的影响。通过合理布局和植物配置，为植物提供适宜的生长环境。例如，在阳光充足的场所可以种植喜光植物，在湿润的环境中可以种植喜阴植物或水生植物。同时，在植物的养护管理需要根据环境条件的变化及时调整管理措施，以保证植物的健康生长。

## （三）生长习性与园林设计

植物的生长习性对园林设计具有重要的影响。了解植物的生长习性有助于设计师更好地规划园林空间的布局和植物配置。例如，在需要形成开阔视野的草坪上，可以选择生长低矮、蔓延迅速的草本植物；在需要形成私密空间的角落或隔离带中，可以选择生长茂密、具有攀爬能力的藤本植物。此外，植物的生长习性还可以用于营造特定的景观效果和氛围，如利用植物的季相变化打造四季有景的园林景观。

在园林设计中，设计师应充分利用植物的生长习性创造丰富多彩的植物景观，通过合理搭配与布局不同种类的植物，形成层次丰富、色彩多样的植物群落。同时，在植物的养护管理上需要根据植物的生长习性制定相应的管理措施，以保证植物景观的持久性和稳定性。

## （四）生长习性与生态价值

植物的生长习性不仅影响着植物的形态特点和园林设计效果，还具有重要的生态价值。不同生长习性的植物在生态系统中扮演着不同的角色，它们对维护生态平衡和保护环境具有重要意义。例如，具有攀爬能力的藤本植物可以覆盖裸露的墙面和地面，从而减少水土流失和空气污染；有强大根系的乔木则可以固定土壤，从而防止山体滑坡等自然灾害的发生。

在园林设计中，应充分考虑植物的生态价值并发挥其积极作用，通过种植具有特定生长习性的植物，构建生态友好型的园林景观。例如，在公园绿地种植具有净化空气和吸附噪声能力的植物，在河岸和湿地地区种植具有固土保水和防止水体污染能力的植物等。同时，在植物的养护管理需要注重生态平衡和环境保护的原则，避免过度开发和破坏生态环境。

## 四、植物形态在园林设计中的应用

植物形态在园林设计中扮演着至关重要的角色，它们不仅为园林空间增添了生机与美感，还具有丰富的生态和文化内涵。以下将从四个方面详细分析植物形态在园林设计中的应用：

### （一）植物形态与空间打造

植物形态在园林设计中是营造空间感的重要工具。不同的植物形态可以形成不同的空间类型，如开敞空间、封闭空间、半开敞空间等。高大的乔木可以形成天然的屏障，为园林空间提供边界和围合感；低矮的灌木和地被植物则能够营造开放、通透的视觉效果。通过巧妙运用植物形态，设计师可以在园林中创造出丰富的空间层次和变化，引导游客的视线和行走路径，使园林空间更加引人入胜。

此外，在植物形态的应用中，设计师还需要考虑植物的生长速度和生命周期。例如，快速生长的乔木可以在短时间内形成壮观的树荫效果，一些多年生草本植物则能够长期保持稳定的景观效果。通过合理搭配不同生长速度和生命周期的植物，设计师可以确保园林空间在不同季节和时间都呈现出优美的景观效果。

### （二）植物形态与生态功能

植物形态在园林设计中具有重要的生态功能。不同的植物形态对环境的适应能力不同，可以发挥不同的生态作用。例如，具有深根系的乔木能够稳固土壤、防止水土流失；具有攀爬能力的藤本植物则可以覆盖裸露的墙面和地面，减少雨水冲刷和阳光直射对地面的影响。此外，一些植物还能够吸收空气中的有害物质、净化水质等，对提高环境质量具有积极作用。

在园林设计中，设计师应充分利用植物形态的生态功能，选择具有特定生态作用的植物种类进行种植。例如，在工业区或交通繁忙的地段，种植能够吸收有害气体的植物，在河岸和湿地地区，种植能够净化水质的植物等。合理搭配和布局这些植物，可以在园林空间中构建起一个完整的生态系统，实现人与自然和谐共生的目标。

### （三）植物形态与审美体验

植物形态在园林设计中能够提供丰富的审美体验。不同的植物形态具有不同的形态美、色彩美和质感美，能够给游客带来不同的视觉感受和情感体验。例如，开花植物的鲜艳色彩能够吸引游客的视线，常绿植物的稳定绿色能够给游客带来宁静和舒适的感受。通过巧妙运用植物形态的色彩、形态和质感等要素，设计师可以创造出具有独特美感和能引发情感共鸣的园林空间。

此外，在植物形态的应用中，设计师还需要考虑游客的审美需求和情感需求。通过了解游客的喜好和文化背景等信息，设计师可以选择适合的植物种类和种植方式，以打造出符合游客审美需求和情感需求的园林空间。同时，设计师还可以通过植物配置和景观布局等手段，强化游客的审美体验和情感共鸣，使游客在园林空间中获得更多的精神享受和满足感。

### （四）植物形态与文化传承

植物形态在园林设计中具有传承文化的作用。不同的植物形态往往承载着不同的文化内涵和象征意义，能够反映不同地区和民族的文化传统与审美观念。通过运用具有特定文化内涵的植物形态进行园林设计，设计师可以传承和弘扬优秀传统文化，彰显园林空间的文化底蕴和内涵。

在园林设计中，设计师应充分考虑植物形态的文化内涵和象征意义，选择适合的植物种类和种植方式进行园林设计。例如，在中华优秀传统文化中，梅花、竹子、松树等植物被赋予了高尚的品质和意义，可以通过种植这些植物体现园林空间的文化主题和氛围。同时，设计师可以通过植物配置和景观布局等手段强化园林空间的文化内涵与象征意义，使游客在欣赏美景的同时能够感受到文化的熏陶和滋养。

# 第二节 形态设计的原则与技巧

## 一、形态设计的原则

在园林设计中，形态设计是塑造植物景观的关键环节，它涉及植物的选择、布局和搭配等方面。以下是形态设计的四个主要原则，每个原则都将从深度和广度上进行详细分析：

### （一）和谐统一原则

和谐统一是形态设计的首要原则。在园林中，植物的形态设计应该与整体环境相协调，形成统一和谐的景观效果。这包括植物与植物之间的协调、植物与建筑物或硬质景观的协调，以及植物与自然环境的协调。设计师需要充分考虑植物的形态、色彩、质地等特征，以及它们与周围环境的关系，使植物景观在视觉上形成和谐统一的效果。

在实际应用中，设计师不仅可以通过选择形态相似或色彩相近的植物进行搭配，以形成统一的整体效果；也可以通过植物的布局和排列方式营造统一的氛围。此外，设计师还需要注意植物与建筑物或硬质景观的协调，避免产生突兀或冲突的感觉。

### （二）对比与变化原则

对比与变化是形态设计不可或缺的原则。对比与变化的原则，可以使植物景观更加生动、有趣和富有层次感。对比可以通过植物的形态、色彩、质地等特征实现，变化则可以通过植物的布局、数量、种类等实现。

在实际应用中，设计师不仅可以通过将不同形态、色彩和质地的植物进行搭配，形成强烈的对比效果；也可以通过改变植物的布局和数量来营造丰富的变化。例如，在草坪上种植几株高大的乔木，可以形成强烈的对比效果；在花坛中种植不同种类的花卉，则可以营造丰富多彩的变化。

### （三）因地制宜原则

因地制宜是形态设计的重要原则之一。在园林设计中，设计师需要充分考虑当地的气候、土壤、水源等自然条件，以及地形、地貌等地理特征，选择适合在当地生长的植物种类和种植方式。这样既可以确保植物的成活率和生长状况，也能够营造出符合当地特色的植物景观。

在实际应用中，设计师不仅需要对当地的气候和土壤条件进行深入了解，选择适应性强、生长良好的植物种类；还需要根据地形和地貌特征进行合理的植物布局与搭配。例如，在山坡上种植具有攀爬能力的藤本植物，以充分利用地形特点形成独特的景观效果。

### （四）可持续性原则

可持续性原则是现代园林设计的重要理念之一。在形态设计中，设计师需要充分考虑生态和环境因素，选择生态友好、环保节能的植物种类和种植方式。这样可以减少对环境的破坏和污染，提高园林的生态效益和环境质量。

在实际应用中，设计师不仅可以选择具有净化空气、吸收噪声等生态功能的植物种类；还可以采用生态种植技术和管理措施，如雨水收集、生物防治等，以提高园林的生态效益和可持续性。此外，设计师还需要注重植物的养护管理，确保植物的健康生长和长期效益。

## 二、形态设计的技巧

在园林形态设计中，技巧的运用不仅关系到最终景观的视觉效果，还影响着植物的生长状况以及整个园林的可持续发展。以下是形态设计的四个主要技巧，每个技巧都将从具体实践和方法上进行详细分析：

### （一）空间层次营造技巧

在形态设计中，空间层次的营造是提升景观效果的重要手段。合理的植物布局和搭配，可以形成丰富多变的空间层次，使园林空间更具深度和立体感。

技巧一：利用植物的高度差异。设计师应通过种植不同高度的植物，如乔木、灌木、地被等，形成由高到低的空间层次。高大的乔木作为背景、中层的灌木作为过渡、低矮的地被植物作为前景，可以营造出层次分明的景观效果。

技巧二：利用植物的形态差异。不同植物具有不同的形态特点，如球形、塔形、伞形等。巧妙搭配这些形态各异的植物，可以形成丰富的空间层次和视觉效果。

技巧三：利用植物的色彩差异。色彩是营造空间层次的重要元素。设计师通过种植不同色彩的植物，如绿色、红色、黄色等，可以形成色彩对比和过渡，增强景观的层次感和立体感。

## （二）植物形态塑造技巧

植物形态塑造是形态设计的重要环节，修剪、整形等手法可以使植物呈现出更加美观的形态。

技巧一：修剪整形。即通过定期修剪植物的枝叶，可以控制植物的生长方向和形态，使其符合设计要求。修剪整形可以塑造各种形状的植物，如球形、圆锥形、平面形等。

技巧二：疏枝透叶。即通过适当疏剪植物的枝叶，增强植物的透光性和通风性，使植物能够更加健康地生长。同时，疏枝透叶还可以形成更加通透的视觉效果，增强景观的开阔感。

技巧三：艺术造型。即利用植物的枝条、叶片等自然元素，通过编织、捆绑等手法，创造出各种艺术造型的植物景观。这些艺术造型不仅具有观赏价值，还可以丰富园林的文化内涵。

## （三）植物搭配技巧

植物搭配是形态设计的关键环节，合理的植物搭配可以使景观更加和谐、美观。

技巧一：考虑植物的生长习性和生态习性。在选择植物时，需要考虑它们的生长习性和生态习性，选择适合当地气候、土壤等条件的植物种类。这样不仅可以确保植物的成活率和生长状况，也有利于生态环境的保护。

技巧二：考虑植物的形态和色彩。在搭配植物时，需要考虑它们的形态和色彩是否协调。不仅可以通过将形态相似或色彩相近的植物进行搭配，形成统一的景观效果，也可以通过将形态或色彩对比强烈的植物进行搭配，形成强烈的视觉冲击力和艺术效果。

技巧三：考虑植物的季节变化。在搭配植物时，需要考虑它们的季节变化特点。可以通过选择在不同季节开花的植物进行搭配，使园林在不同季节呈现出不同的景观效果；同时，也可以通过搭配常绿植物和落叶植物打造四季有景的园林空间。

### （四）生态可持续设计技巧

注重生态可持续性是现代园林设计的重要理念之一。以下是一些生态可持续设计的技巧。

技巧一：选择生态友好的植物种类。在设计中，应优先选择那些具有净化空气、保持水土、固碳释氧等生态功能的植物种类，以减少对环境的负面影响。

技巧二：利用乡土植物资源。乡土植物不仅适应性强、成活率高，还能够体现当地的文化特色。在设计中应充分利用乡土植物资源，以减少外来物种的入侵带来的生态风险。

技巧三：采用生态种植技术。在种植过程中，可以采用生态种植技术，如雨水收集、生物防治等，以减少对环境的破坏和污染。同时，还可以采用节水灌溉、有机施肥等措施，提高植物的生长质量和生态效益。

## 三、形态设计与环境的协调

在园林设计中，形态设计与环境的协调是至关重要的一个方面。一个成功的园林设计不仅要考虑植物本身的形态美，还要注重植物与环境的和谐共生，以实现生态、美学和文化的统一。以下从四个方面详细分析形态设计与环境的协调：

### （一）地形地貌的适应性

地形地貌是园林设计的基础，它决定了植物的生长环境和景观的视觉效果。在形态设计中，必须充分考虑地形地貌的适应性，使植物与地形地貌相协调，形成自然、和谐的景观。

首先，要根据地形地貌的特点选择合适的植物种类。例如，在山坡上种植根系发达、能够稳固土壤的植物，以防止水土流失；在湖泊、河流等水域附近种植具有净化水质功能的植物，以改善水环境。

其次，要根据地形地貌的起伏变化合理安排植物的布局和高度。植物的合理布局和高度变化，可以营造出丰富的空间层次和视觉效果，使园林空间更加立体、生动。

## （二）气候条件的适应性

气候条件是影响植物生长和形态的重要因素。在形态设计中，必须充分考虑当地的气候条件，选择适合当地气候的植物种类和种植方式，以确保植物的成活率和健康生长。

首先，要了解当地的气候特点，如温度、降水、光照等，选择能够适应当地气候的植物种类。例如，在炎热干燥的地区选择耐旱、抗热的植物种类；在寒冷地区选择耐寒、抗冻的植物种类。

其次，要根据气候条件合理安排植物的种植时间和管理措施。在种植过程中，要注意保持土壤湿润、防止病虫害等；在管理过程中，要根据气候变化及时调整浇水、施肥等管理措施，以确保植物能够健康生长。

## （三）文化背景的融合

园林设计不仅仅是技术和艺术的结合，更是文化和历史的传承。在形态设计中，要注重文化背景的融合，使园林空间具有深厚的文化底蕴和丰富的内涵。

首先，要了解当地的文化传统和历史背景，选择能够体现当地特色的植物种类和种植方式。例如，在中国传统园林中，常使用梅、兰、竹、菊等具有象征意义的植物；在东南亚园林中，则常用棕榈科植物和热带花卉等。

其次，要在园林设计中融入文化元素和符号。设计师应通过植物的形态、色彩、质地等特征，传达文化信息和情感寓意，通过植物的布局和排列方式，营造文化氛围和情境体验。例如，在纪念性园林中，可以通过植物的布局和排列方式体现纪念主题和情感表达；在休闲性园林中，可以通过植物的形态和色彩营造轻松、愉悦的氛围。

### （四）生态平衡的维护

生态平衡是园林设计的重要目标之一。在形态设计中，要注重生态平衡的维护，实现植物与环境的和谐共生。

首先，要尊重自然规律和生态过程。在设计中，要尽可能保留原有的自然植被和生态环境，减少对生态系统的干扰和破坏；同时，要合理利用自然资源和能源，降低对环境的影响和负担。

其次，要注重生态系统的稳定性和可持续性。在植物的选择和种植上，要考虑生态系统的稳定性和可持续性，选择适应性强、生态功能显著的植物种类；同时，要采取合理的养护管理措施，保持生态系统的健康和活力。

总之，形态设计与环境的协调是园林设计中不可或缺的一环。通过充分考虑地形地貌、气候条件、文化背景和生态平衡等因素，设计师可以实现形态设计与环境的和谐共生，打造出既美观又生态化的园林空间。

## 四、形态设计与空间布局的关系

在园林设计中，形态设计与空间布局之间存在着密不可分的关系。形态设计不仅仅关注植物个体的形态美，更强调植物和空间布局的整体协调与和谐。以下从四个方面详细分析形态设计与空间布局的关系：

### （一）形态设计对空间布局的引导与塑造

形态设计在园林设计中起到了引导与塑造空间布局的重要作用。设计师通过精心选择植物的形态、色彩、质地等特征，可以营造不同的空间氛围和视觉效果，从而引导游人的视线和行进路线。

首先，植物的形态可以影响空间的围合感和通透性。高大的乔木可以形成封闭的空间，给人以私密感和宁静感；低矮的地被植物则能营造开阔的空间，增强空间的通透性和流动性。设计师可以根据空间的功能需求，选择合适的植物形态营造空间氛围。

其次，植物的色彩和质地能对空间布局产生重要影响。明亮的色彩可以吸引游人的视线，引导其进入某个空间；柔和的色彩则能营造温馨、舒适的氛围。同时，植物的质地也能影响空间的质感，如粗糙的树皮和光滑的叶片能形成对比，增强空间的层次感。

## （二）空间布局对形态设计的制约与促进

空间布局对形态设计具有制约与促进的双重作用。一方面，空间布局决定了植物种植的位置、数量和种类，从而限制了形态设计的范围和可能性；另一方面，合理的空间布局能为形态设计提供更多的可能性和发挥空间。

首先，空间布局决定了植物种植的位置和数量。设计师需要根据空间的功能特点和景观效果，合理安排植物的种植位置和数量。这要求设计师在形态设计中充分考虑空间布局的限制因素，如光照、土壤、水源等条件，以确保植物的成活率和生长良好。

其次，空间布局能为形态设计提供更多的可能性和发挥空间。通过合理的空间布局，设计师可以创造出不同的空间形态和景观效果，为形态设计提供更多的灵感和创意。例如，在狭窄的空间中，设计师可以通过巧妙的植物搭配和布局营造丰富的层次感和视觉效果；在开阔的空间中，可以通过大面积的植物种植形成壮观的景观效果。

## （三）形态设计与空间布局的互动性

形态设计与空间布局之间存在着互动性。一方面，形态设计可以影响空间布局的形成和发展；另一方面，空间布局能反过来影响形态设计的选择和表现。

首先，形态设计可以通过植物的形态、色彩、质地等特征，影响空间布局的形成和发展。例如，在设计中，设计师可以通过将不同形态的植物进行搭配和布局，形成不同的空间形态和景观效果；同时，植物的色彩和质地也能对空间布局产生重要影响，营造出不同的空间氛围和视觉效果。

其次，空间布局能反过来影响形态设计的选择和表现。不同的空间布局会对植物的生长环境和景观效果产生不同的影响，这要求设计师在形态设计中做出相应的调整和改变。例如，在狭窄的空间中，设计师需要选择适应性强、生长缓慢的植物种类以避免空间过于拥挤；在开阔的空间中，可以选择生长迅速、形态优美的植物种类以形成壮观的景观效果。

## （四）形态设计与空间布局的融合与创新

形态设计与空间布局的融合与创新是园林设计的重要目标之一。设计师需要不断探索和尝试新的形态设计理念与空间布局手法，以实现形态设计与空间布局的完美结合和创新发展。

首先，设计师需要关注最新的形态设计理念和空间布局手法，并将其应用到实际设计中去。例如，在现代园林设计中，越来越多的设计师开始注重植物的生态功能和景观效果之间的平衡与协调；同时，也出现了一些新的空间布局手法和景观营造技巧，如立体绿化、生态修复等。

其次，设计师需要在形态设计与空间布局之间寻找融合点和创新点。通过深入挖掘植物与空间之间的内在联系和相互作用关系，设计师可以创造出既符合自然规律又富有创意的园林空间。同时，设计师还需要关注游人的需求和感受，以人性化的设计理念创造舒适、宜人的园林环境。

# 第三节　植物形态与空间的塑造

## 一、植物形态与空间的关系

植物形态与空间在园林设计中相互依存、相互影响，它们之间的关系是园林设计的重要考量因素。以下从四个方面对植物形态与空间的关系进行详细分析：

### （一）植物形态对空间尺度的界定

植物形态的不同直接影响着空间的尺度感。高大的乔木能够形成较大的空间尺度，给人以开阔、宏大的感受；低矮的地被植物则能营造亲切、细腻的空间氛围。设计师通过精心选择植物形态，可以精确地界定空间的尺度，满足不同功能区域对空间尺度的需求。

在设计中，植物形态与空间尺度的关系需要考虑游人的心理感受。高大的乔木适用于广场、公园入口等需要营造气势磅礴氛围的场合；低矮的地被植物则更适合于休息区、私密空间等需要营造温馨、舒适氛围的场合。通过植物形态的选择和布局，设计师可以界定符合人们心理预期的空间尺度。

### （二）植物形态对空间边界的塑造

植物形态是塑造空间边界的重要手段。种植不同形态的植物，可以形成自然、半自然或人工的空间边界，实现空间的划分和隔离。这种边界不仅具有物质上的隔离作用，还具有视觉上的引导和暗示作用。

在植物形态与空间边界的关系上，设计师需要考虑空间的开放性和封闭性。对于需要保持开放性的空间，如广场、草坪等，可以选择低矮、通透的植物形态弱化边界感；对于需要保持封闭性的空间，如庭院、私密花园等，则可以选择高大、浓密的植物形态强化边界感。通过植物形态的选择和布局，设计师可以创造出符合空间功能特点的空间边界。

### （三）植物形态对空间层次的丰富

植物形态的变化可以丰富空间层次，使园林空间更具立体感和深度。设计师通过种植不同形态的植物，可以形成前景、中景和背景等层次，营造出丰富的空间景观。

在植物形态与空间层次的关系上，设计师需要考虑游人的观赏角度和视线引导。设计师可以通过将不同形态的植物进行搭配和布局，引导游人的视线从前景逐渐转向中景和背景，形成层次丰富的景观效果。同时，还可以利用植物形态的变化营造不同的空间氛围和情感表达，使园林空间更具感染力和吸引力。

### （四）植物形态与空间动态的关联

植物形态与空间之间存在着动态的关联。随着季节的变化和植物的生长，植物形态也会发生相应的变化，从而影响空间的视觉效果和氛围营造。

在植物形态与空间动态的关联上，设计师需要考虑时间的因素。设计师可以通过选择具有明显季相变化的植物种类，如观花植物、观叶植物等，使园林空间在不同季节呈现不同的景观效果。同时，还可以通过修剪、整形等手法对植物形态进行人工调整，以适应空间需求的变化。这种动态的关联不仅丰富了园林空间的景观效果，还增强了游人与空间的互动体验。

## 二、植物形态对空间的塑造作用

在园林设计中，植物形态不仅仅为空间提供了边界和层次感，更是营造空间氛围和进行情感表达的关键因素。以下从四个方面详细分析植物形态对空间的塑造作用：

### （一）植物形态与空间氛围的营造

植物形态在营造空间氛围方面发挥着至关重要的作用。不同形态的植物能够传递不同的氛围，从而影响人们的情感体验。例如，高大的乔木和浓密的灌木能够形成封闭、神秘的空间氛围，让人产生一种安静和私密的体验；轻盈飘逸的草本和花卉则能够营造轻盈、明亮的空间氛围，给人以愉悦和轻松的感受。

在设计中，设计师可以根据空间的功能特点和情感表达要求，选择合适的植物形态以营造相应的空间氛围。例如，在纪念性空间中，设计师可以选用具有象征意义和庄严感的植物形态，如松柏、银杏等，以营造庄重、肃穆的氛围；在休闲空间中，可以选用色彩鲜艳、形态优美的花卉和草本，以营造轻松、愉悦的氛围。

此外，植物形态与光影、水体的结合使用，也可以进一步增强空间氛围的营造效果。例如，在阳光充足的午后，阳光透过树叶的缝隙洒在地面上，形成斑驳的光影效果，能够营造出一种静谧、安逸的氛围；在水体周围种植形态优美的水生植物，如荷花、睡莲等，能够营造出一种清新、宁静的氛围。

### （二）植物形态与空间功能的划分

植物形态在划分空间功能方面发挥着重要作用。种植不同形态的植物，可以形成不同的空间区域，实现空间的划分和隔离。例如，在公园设计中，设计师可以通过种植高大的乔木和浓密的灌木，形成封闭性较强的儿童游乐区，保障儿童活动的安全性；在广场设计中，可以通过种植低矮的地被植物和花卉，形成开阔的视野和通透的空间感，以便人们进行交流和活动。

在植物形态的选择和布局上，设计师需要充分考虑空间的功能特点与人动流线。设计师需要根据空间的功能特点选择合适的植物形态，并通过合理的布局引导人流动线和划分空间功能区域。例如，在住宅区设计中，设计师可以通过种植常绿乔木和灌木形成绿色屏障，减少噪声与视线干扰；在商业区设计中，可以通过种植色彩鲜艳的花卉和草本植物吸引人流与营造商业氛围。

### （三）植物形态与空间序列的引导

植物形态在引导空间序列方面具有重要意义。种植不同形态的植物，可以形成不同的景观节点和视线焦点，引导游人的观赏路线和行进方向。例如，在园林设计中，设计师可以通过种植高大的乔木作为视觉焦点和标志性景观，吸引游人的注意力并引导其行进方向；同时，还可以通过种植低矮的地被植物和花卉形成丰富的景观层次与视觉效果，增强游人的观赏体验。

在植物形态与空间序列的引导，设计师需要充分考虑游人的心理和行为特点。设计师需要根据游人的心理预期和行为习惯，选择合适的植物形态和布局方式，并通过景观节点和视线焦点的设置引导游人的行进路线与观赏方向。通过植物形态的引导作用，设计师可以创造出既符合自然规律又富有创意的园林空间序列。

### （四）植物形态与空间情感的表达

植物形态在表达空间情感方面发挥着重要作用。不同形态的植物能够传递不同的情感信息和文化内涵，从而引发人们的情感共鸣和文化认同。例如，在优秀传统文化中，竹子被视为高雅、坚韧的象征，常被用于表达文人墨客的高洁品质和追求；梅花象征着坚韧不拔、迎难而上的精神，常被用于表达人们对坚强和勇敢的向往与追求。

在设计中，设计师可以通过选择合适的植物形态传递相应的情感信息和文化内涵。通过植物形态的情感表达作用，设计师可以打造出既具有美学价值又富有文化内涵的园林空间。同时，这种情感表达也能够增强游人与空间的情感联系和互动体验，使园林空间更加生动、有趣和富有感染力。

## 三、植物形态与空间布局的优化策略

在园林设计中，植物形态与空间布局的优化是提升景观质量、增强空间体验的关键环节。以下从四个方面详细分析植物形态与空间布局的优化策略：

## （一）基于生态原则的植物形态选择

生态原则是园林设计不可或缺的基本理念，对于植物形态的选择同样具有重要意义。在优化植物形态与空间布局时，设计师应充分考虑植物的生态习性和生长环境，选择适应性强、生长健康的植物品种。这不仅能够保证植物的成活率和健康生长，还能够营造出更加自然、和谐的景观效果。

在选择植物形态时，应关注植物的形态特点、生长习性以及它与其他植物的搭配关系。例如，在空旷的草坪上，可以种植几棵高大的乔木作为视觉焦点，形成开阔的空间感；在狭窄的通道两侧，可以种植低矮的地被植物，以增强空间的通透性。此外，还应考虑植物的季相变化，通过选择在不同季节开花的植物品种，营造出四季有景的景观效果。

## （二）植物形态与空间布局的协调统一

在园林设计中，植物形态与空间布局的协调统一是实现景观和谐统一的关键。为了实现这一目标，设计师需要在设计过程中充分考虑植物形态的特点和空间布局的需求，通过合理的植物配置和布局方式，使植物形态与空间布局相互呼应、相得益彰。

在植物配置方面，应充分考虑植物之间的搭配关系和层次感。选择合适的植物品种和配置方式，可以形成不同高度、不同形态、不同色彩的植物群落，营造出丰富多彩的景观效果。同时，还应注重植物与建筑、小品等其他景观元素的协调搭配，形成统一和谐的景观风格。

在空间布局方面，应根据空间的功能需求和景观效果的要求，合理安排植物的种植位置和数量。例如，在入口区域种植高大的乔木和浓密的灌木，形成一定的围合感和引导性；在开阔的草坪上种植色彩鲜艳的花卉和地被植物，形成丰富的景观层次。同时，还应注重空间的开放性或封闭性的平衡，避免空间过于拥挤或空旷。

## （三）注重植物形态的动态变化与空间布局的调整

植物形态是随着时间的推移不断变化的，因此，在优化植物形态与空间布局时，需要充分考虑植物形态的动态变化对空间布局的影响。设计师应根据植物的生长习性和季相变化特点，合理安排植物的种植位置和数量，确保植物形态与空间布局在每个季节都能保持协调统一。

同时，随着时间的推移和城市的发展变化，空间布局也需要进行相应的调整和优化。设计师应密切关注城市发展的动态变化和空间布局的调整需求，及时调整和优化植物配置与布局方式，确保植物形态与空间布局的协调统一和可持续发展。

### （四）强调植物形态的文化内涵与空间布局的情感表达

植物形态不仅具有美学价值，还具有丰富的文化内涵和情感意义。在优化植物形态与空间布局时，应充分挖掘植物形态的文化内涵和情感意义，通过植物配置和布局方式表达特定的情感与文化主题。

设计师可以通过选择合适的植物品种和配置方式表达特定的情感与文化主题。例如，在纪念性空间中，可以种植松柏等具有象征意义的植物品种，来表达对历史的缅怀和敬仰；在休闲空间中，可以种植色彩鲜艳的花卉和地被植物，来表达对生活的热爱和向往。同时，还可以通过植物的形态特点和生长习性营造特定的空间氛围与情感体验。例如，在狭窄的空间中种植低矮的地被植物，来营造温馨、亲切的氛围；在开阔的空间中种植高大的乔木，营造壮观、宏伟的氛围。

总之，在植物形态与空间布局的优化策略上，设计师需要综合考虑生态原则、协调统一、动态变化和文化内涵等方面的因素。通过合理的植物配置和布局方式，设计师可以打造出更加自然、和谐、美观的园林空间。

# 第四节　植物形态与景观元素的搭配

## 一、植物形态与建筑的搭配策略

在园林设计中，植物形态与建筑的搭配是一个至关重要的环节。合理的搭配不仅能够美化环境，还能增强景观的层次感和协调性。以下从四个方面来分析植物形态与建筑的搭配策略：

## （一）植物形态与建筑风格的协调

植物形态与建筑风格的协调是搭配的首要原则。不同的建筑风格具有不同的特点和气质，植物形态的选择应与之相协调，以强化建筑的整体风格。例如，在古典园林中，常选用形态优雅、姿态挺拔的树种，如松树、柏树等，来衬托建筑的古朴典雅；在现代风格的建筑中，则可以选择形态简洁、线条流畅的植物品种，如银杏、梧桐等，以展现建筑的现代感。

为了实现植物形态与建筑风格的协调，设计师需要充分了解各种建筑风格的特点和气质，以及植物形态的基本特征和分类。在设计中，可以根据建筑风格的特点选择相应的植物品种，并通过合理的布局和搭配方式，使植物与建筑在形态、色彩、质感等方面达到协调统一。

## （二）植物形态对建筑空间的打造

植物形态对建筑空间的打造具有重要影响。合理的植物配置，可以营造出不同的空间氛围和视觉效果。例如，在建筑的入口或庭院中种植高大的乔木和浓密的灌木，可以形成一定的围合感和私密性，营造出温馨、宁静的空间氛围；在建筑的立面或屋顶上种植攀爬植物或悬挂植物，可以增强建筑的立体感和层次感，使建筑更加生动有趣。

在打造建筑空间时，设计师需要充分考虑植物的生长习性和空间布局的需求，通过选择合适的植物品种和配置方式，来充分利用植物的自然特性，营造空间氛围和视觉效果。同时，还需要注意植物与建筑之间的比例关系，避免因植物过于拥挤或过于稀疏而影响整体的美观性。

## （三）植物形态与建筑色彩的搭配

植物形态与建筑色彩的搭配是设计中需要考虑的因素之一。合理的色彩搭配可以使植物与建筑在视觉上形成和谐的统一体，增强景观的整体效果。例如，在色彩鲜艳的建筑前种植色彩淡雅的植物，可以形成鲜明的对比效果；在色彩柔和的建筑前种植色彩鲜艳的植物，可以增强景观的活力。

在搭配植物形态与建筑色彩时，设计师需要了解各种植物和建筑材料的色彩特点，以及色彩搭配的基本原则。在设计中，可以根据建筑色彩的特点选择合适的植物品种，并通过合理的布局和搭配方式，使植物与建筑在色彩上形成和谐统一的整体效果。

### （四）植物形态与建筑功能的融合

植物形态与建筑功能的融合是植物和建筑搭配的高级阶段。通过合理的植物配置，不仅可以使植物具有美化环境的作用，还能与建筑的功能相融合，提升建筑的使用价值和舒适度。例如，在办公楼的周围种植能够净化空气、降低噪声的植物品种，可以改善员工的工作环境；在住宅区的绿地中种植能够遮阳、降温的植物品种，可以提高居民的居住舒适度。

在融合植物形态与建筑功能时，设计师需要充分了解建筑的功能特点和人们的使用习惯。通过选择合适的植物品种和配置方式，使植物在发挥美化环境作用的同时，满足建筑的功能需求和使用习惯。这样不仅可以提高景观的实用性和舒适度，还能增强景观的整体效果和持久性。

## 二、植物形态与道路的搭配策略

在园林设计中，道路不仅是连接各景观节点的纽带，也是引导人们游览、观赏的重要空间。植物形态与道路的搭配，不仅影响着道路的美观性，还关系到游览者的行走体验和空间感受。以下从四个方面详细分析植物形态与道路的搭配策略：

### （一）植物形态对道路空间的界定

植物形态在界定道路空间方面发挥着重要作用。种植不同形态、高度、密度的植物，可以明确道路空间与其他空间的界限，使道路空间更加清晰、有序。例如，在道路两侧种植高大的乔木，可以形成自然的屏障，将道路空间与其他景观空间分隔开来；在道路中央种植低矮的地被植物或花卉，可以增强道路的开阔感和通透性。

在界定道路空间时，设计师需要充分考虑道路的功能特点和游览者的行走体验。对于主要道路，应选择形态挺拔、高度适中的植物品种，以确保行车的安全和视野的开阔；对于次要道路或步行道，可以选择形态丰富、色彩鲜艳的植物品种，以增加游览的趣味性和观赏性。

## （二）植物形态对道路氛围的营造

植物形态对道路氛围的营造具有重要影响。通过选择合适的植物品种和配置方式，设计师可以营造不同的道路氛围，增强游览者的情感体验。例如，在宁静的休闲道路上种植色彩淡雅、形态优美的花卉和地被植物，可以营造轻松、愉悦的氛围；在庄重的纪念性道路上种植形态挺拔、色彩庄重的植物品种，可以营造庄重、肃穆的氛围。

在营造道路氛围时，设计师需要深入了解道路的功能特点和游览者的心理需求，通过选择合适的植物品种和配置方式，使植物与道路在形态、色彩、质感等方面形成和谐统一的整体效果，从而营造出符合道路功能特点和游览者心理需求的氛围。

## （三）植物形态与道路景观的层次感

植物形态与道路景观的层次感是提升道路景观质量的关键。种植不同形态、高度、色彩的植物品种，可以形成丰富的景观层次和视觉效果。例如，在道路两侧种植高大的乔木作为背景，在中间种植低矮的花灌木和地被植物作为前景，可以形成前后错落的景观层次；在道路中央设置花坛或花境，种植色彩鲜艳的花卉和地被植物，可以形成丰富的景观色彩和质感。

在塑造道路景观层次感时，设计师需要注重植物之间的搭配关系和层次感的表现，通过合理的植物配置和布局方式，使植物在形态、高度、色彩等方面形成鲜明的对比和变化，从而形成丰富多彩的景观效果。同时，还需要注意植物与道路的比例关系和尺度感，避免因植物过于拥挤或过于稀疏而影响整体的美观性。

## （四）植物形态与道路功能的融合

植物形态与道路功能的融合是植物和道路搭配的高级阶段。合理的植物配置，可以使植物不仅具有美化环境的作用，还能与道路的功能相融合，提升道路的使用价值和舒适度。例如，在步行道上种植能够遮阳、降温的植物品种，可以为游客提供舒适的行走环境；在停车场周围种植能够吸附灰尘、净化空气的植物品种，可以提高停车环境的质量。

在融合植物形态与道路功能时，设计师需要充分了解道路的功能特点和人们的使用习惯，通过选择合适的植物品种和配置方式，使植物在发挥美化环境作用的同时，满足道路的功能特点和使用习惯。这样不仅可以提高道路的实用性和舒适度，还能增强道路景观的整体效果和持久性。

## 三、植物形态与水体的搭配策略

在园林设计中，水体是营造景观氛围、增加空间层次的重要元素。植物形态与水体的搭配，能够创造出独特而和谐的景观效果，为游览者带来美的享受。以下从四个方面详细分析植物形态与水体的搭配策略：

### （一）植物形态与水体形态的呼应

植物形态与水体形态的呼应，是实现和谐搭配的基础。水体的形态多种多样，如湖泊、溪流、池塘等，每种形态都有其独特的特点和美感。在选择植物形态时，应充分考虑水体的形态特点，选择与水体形态相呼应的植物品种和配置方式。

例如，在宽阔的湖泊边，可以选择高大的乔木和浓密的灌木作为背景，形成自然的边界，同时，在湖岸线种植低矮的地被植物或花卉，增强水体的层次感和柔美性。在溪流旁，可以种植一些形态自然、枝叶柔软的植物，如柳树、杨树等，让植物枝条轻轻垂在水面上，形成水波荡漾、树影摇曳的动人画面。

在植物形态与水体形态的呼应上，设计师需要充分了解水体的形态特点和植物的生长习性，通过合理的植物配置和布局方式，使植物与水体在形态上形成和谐统一的整体效果。

### （二）植物色彩与水体环境的协调

植物色彩与水体环境的协调，是提升景观视觉效果的关键。水体的颜色通常较为清澈、淡雅，因此，在选择植物色彩时，应注重其与水体颜色的协调和对比。

一方面，可以选择与水体颜色相近或相似的植物品种，如绿色叶片的植物或白色花卉，以强调水体的清澈感和宁静感；另一方面，可以选择与水体颜色形成鲜明对比的植物品种，如红色、黄色等色彩鲜艳的花卉，以增强景观的活跃性和生动性。

在协调植物色彩与水体环境时，设计师需要深入了解植物色彩的特点和搭配原则，以及水体环境的色彩特征，通过合理的植物选择和色彩搭配，使植物与水体在色彩上形成协调统一的整体效果，从而提升景观的视觉效果。

### （三）植物与水体的空间布局

植物与水体的空间布局，是营造景观空间层次的重要手段。通过合理的植物配置和布局方式，可以营造出丰富的空间层次和视觉效果。

在植物与水体的空间布局中，应充分考虑水体的位置和形态特点，以及植物的生长习性和空间需求。例如，在宽阔的水面旁，可以种植高大的乔木和灌木作为背景，形成一定的空间深度和层次感；在狭窄的水道旁，可以选择低矮的地被植物或花卉进行点缀，增加空间的通透性和开阔感。

此外，还可以通过植物与水体的相互穿插和融合，创造出独特的景观空间效果。例如，在湖泊中设置小岛或半岛，并在上面种植特色植物，形成与水体相互呼应的景观节点；在溪流旁设置亲水步道或观景平台，使游客能够近距离感受水体的魅力和植物的美丽。

### （四）植物与水体的生态融合

植物与水体的生态融合，是实现可持续发展的重要途径。选择具有生态功能的植物品种和配置方式，可以增强水体的生态保护和修复能力，同时，提升景观的生态价值和可持续性。

在选择植物品种时，应注重植物的生态习性和适应性，选择能够适应水体环境和生长条件的植物品种。例如，在水边种植能够净化水质、防止水土流失的水生植物或湿地植物；在湖泊中种植能够改善水质、增加水体氧气含量的浮游植物或沉水植物。

此外，还可以通过植物与水体的相互作用和联系，构建完整的生态系统。例如，在湖泊中设置生态浮岛或生态驳岸，为水生生物提供栖息地和食物来源；在溪流旁设置生态护坡或生态滤水设施，减少水土流失和污染物的排放。

植物与水体的生态融合，不仅可以提升景观的生态价值和可持续性，还能够为游客提供更加自然、和谐的游览环境。

## 四、植物形态与雕塑的搭策略

在园林设计中，雕塑作为重要的景观元素，不仅具有艺术价值，还能与周围环境共同形成独特的景观效果。植物形态与雕塑的搭配，能够进一步丰富景观层次，增强空间的艺术感染力。以下从四个方面详细分析植物形态与雕塑的搭配策略：

### （一）植物形态与雕塑风格的呼应

植物形态与雕塑风格的呼应是实现和谐搭配的基础。雕塑的风格多种多样，如古典、现代、抽象等，每种风格都有其独特的艺术特点和表现方式。在选择植物形态时，应充分考虑雕塑的风格特点，选择与雕塑风格相呼应的植物品种和配置方式。

例如，在古典风格的雕塑周围，可以选择形态优雅、色彩柔和的植物品种，如松柏、竹子等，以强调雕塑的古典韵味和庄重感；在现代风格的雕塑旁，可以选择形态简洁、线条流畅的植物品种，如银杏、悬铃木等，以突出雕塑的现代感和时尚感。

在搭配过程中，设计师需要深入了解雕塑的风格特点和植物的生长习性，通过合理的植物配置和布局方式，使植物与雕塑在风格上形成和谐统一的整体效果。

### （二）植物色彩与雕塑色彩的对比与协调

植物色彩与雕塑色彩的对比与协调是提升景观视觉效果的关键。雕塑的色彩通常较为鲜明、突出，植物的色彩则较为丰富、多变。在搭配过程中，应注重植物色彩与雕塑色彩的对比与协调，以形成强烈的视觉冲击力与和谐的色彩关系。

一方面，可以选择与雕塑色彩相近或相似的植物品种，以强调雕塑的色彩特点；另一方面，可以选择与雕塑色彩形成鲜明对比的植物品种，以增强景观的活跃性和生动性。

在搭配色彩时，设计师需要充分了解植物和雕塑的色彩特点，以及色彩搭配的基本原则，通过合理的色彩搭配，使植物与雕塑在色彩上形成协调统一的整体效果，增强景观的视觉吸引力。

### （三）植物形态与雕塑形态的呼应与衬托

植物形态与雕塑形态的呼应与衬托是营造独特景观效果的重要手段。雕塑的形态多种多样，有的线条流畅、简洁明快，有的造型奇特、富有张力。在搭配过程中，应注重植物形态与雕塑形态的呼应与衬托，以突出雕塑的形态特点和艺术魅力。

例如，在形态奇特的雕塑旁，可以选择形态自然、枝叶柔软的植物品种，如垂柳、榕树等，以衬托雕塑的奇特形态；在线条流畅的雕塑旁，可以选择形态挺拔、枝叶分明的植物品种，如松树、柏树等，以强调雕塑的线条美。

在搭配过程中，设计师需要充分了解植物的生长习性和雕塑的形态特点，通过合理的植物配置和布局方式，使植物与雕塑在形态上形成和谐统一的整体效果，增强景观的艺术感染力。

### （四）植物与雕塑的生态与人文融合

植物与雕塑的生态与人文融合是实现可持续发展的重要途径。在搭配过程中，应注重植物与雕塑的生态价值和人文内涵的融合，以营造具有生态意义和文化底蕴的景观环境。

一方面，可以选择具有生态功能的植物品种，如能够净化空气、保持水土的植物品种，以增强景观的生态功能；另一方面，可以选择具有文化内涵的植物品种，如具有象征意义或历史故事的植物品种，以丰富景观的人文内涵。

此外，还可以通过植物与雕塑的相互呼应和融合，打造出具有特定主题或文化内涵的景观空间。例如，在纪念性雕塑旁，种植具有象征意义的植物品种，以表达对历史人物或事件的纪念和缅怀；在文化雕塑旁，种植具有文化特色的植物品种，以展示地方文化或民族特色。

通过植物与雕塑的生态与人文融合，设计师不仅可以提升景观的生态价值和可持续性，还能够增强景观的文化内涵和艺术感染力。

# 第五节　形态设计与园林意境的营造

## 一、形态设计在园林意境中营造的作用

形态设计作为园林设计的重要组成部分，不仅仅在空间布局和景观构成上发挥着关键作用，更在营造园林意境方面扮演着不可或缺的角色。以下从四个方面详细分析形态设计在园林意境营造方面的作用。

### （一）形态设计对园林氛围的塑造

形态设计是园林氛围营造的重要手段。设计师通过精心设计的植物形态、建筑形态、水体形态等，可以打造丰富多彩的园林空间，为游客带来独特的审美体验。这些形态元素不仅具有自身的美感，还能与周围环境相互融合，共同构成园林的整体氛围。

在形态设计中，设计师需要充分考虑园林的主题、风格和功能，通过巧妙的构思和布局，将形态元素与园林空间紧密结合。例如，在古典园林中，设计师常运用曲折回环的游廊、精致典雅的亭台楼阁，以及形态各异的假山、水池等元素，营造一种古朴典雅、宁静自然的园林氛围。

### （二）形态设计对园林情感表达的强化

形态设计能够强化园林的情感表达。设计师通过特定的形态设计，可以引发游客的共鸣和情感反应，使游客在游览过程中获得深刻的情感体验。这种情感表达可以是宁静、舒适、愉悦、激昂等情感。

在形态设计中，设计师需要深入了解游客的心理需求和审美偏好，通过形态元素的形状、色彩、质感等方面的设计，打造出符合游客心理预期和情感需求的园林空间。例如，在纪念性园林中，设计师可以通过庄重的建筑形态、肃穆的植物配置等手法，营造出一种庄重、肃穆的氛围，引发游客对历史的追忆和对英雄的敬仰之情。

### （三）形态设计对园林空间层次的丰富

形态设计能够丰富园林的空间层次。设计师通过不同形态元素的组合和布局，可以打造出具有层次感和立体感的园林空间，使游客在游览过程中感受到空间的深度和变化。

在形态设计中，设计师需要充分考虑园林的空间布局和景观构成，通过巧妙的组合和布局手法，使不同的形态元素在空间中相互呼应、相互衬托。例如，在景观设计中，设计师可以通过高低错落的植物、曲折蜿蜒的园路，以及形态各异的景观小品等元素，营造出一种富有层次感和立体感的景观效果，使游客在游览过程中感受到空间的深度和变化。

### （四）形态设计对园林文化内涵的展现

形态设计能够展现园林的文化内涵。园林是优秀传统文化的载体之一，其形态设计往往具有丰富的文化内涵和历史背景。特定的形态设计手法和元素选择，可以展现园林的文化内涵和历史价值。

在形态设计中，设计师需要深入了解园林的历史背景和文化内涵，通过形态元素的形状、色彩、质感等方面的设计，将文化内涵融入园林空间。例如，在古典园林中，设计师常运用传统的建筑风格、园林布局手法以及具有象征意义的植物配置等元素，展现园林的优秀传统文化和历史价值。这种文化内涵的展现不仅能够提升园林的文化品位和艺术价值，还能够为游客提供一种独特的文化体验和精神享受。

## 二、形态设计与园林主题的融合

在园林设计中，形态设计与园林主题的融合是创造独特、和谐且富有内涵的园林空间的关键。通过深入理解和诠释园林主题，设计师可以运用形态设计的手法，将主题元素融入景观的每个角落，使游客在游览过程中能够深刻感受到园林的主题意境。以下从四个方面详细分析形态设计与园林主题的融合：

### （一）主题元素的提炼与形态设计的呼应

园林主题是设计的灵魂，形态设计则是实现主题的具体手段。在形态设计与园林主题的融合上，设计师首先需要对园林主题进行深入研究和提炼，找出能够代表主题的核心元素。这些元素可以是某种特定的植物、建筑形式、色彩搭配或文化符号等。其次，设计师需要将这些主题元素转化为具体的形态设计语言，通过形态、色彩、质感等方面的设计，使这些元素在园林空间中得以充分体现。

例如，在一个以"自然和谐"为主题的园林中，设计师可以提炼出"水""石""树"等自然元素作为主题元素。在形态设计上，可以通过曲折蜿蜒的水系、形态各异的石头和茂密的树木等，营造出一种自然、和谐、宁静的园林氛围。这种呼应不仅使园林空间更加生动有趣，也加深了游客对园林主题的理解和感受。

### （二）形态设计的层次性与主题的递进表达

园林空间是一个多层次、多维度的系统，形态设计需要通过层次性的设计手法体现园林主题的递进表达。设计师需要根据园林主题的特点和游客的游览路线，合理安排形态设计的层次和节奏。通过不同形态元素的组合和布局，使游客在游览过程中逐步感受到园林主题的深化和升华。

例如，在一个以"历史文化"为主题的园林中，设计师可以通过不同历史时期的建筑形式、雕塑作品和植物配置等手法，展现园林所具有的丰富历史文化内涵。在形态设计上，可以通过从古代到现代的建筑形式演变、从简朴到华丽的雕塑作品，以及从本土到外来的植物配置等手法，使游客在游览过程中逐步感受到园林主题的历史变迁和文化融合。

### （三）形态设计的情感色彩与主题的情感共鸣

园林不仅仅是物质的空间，更是情感的载体。在形态设与园林主题的融合上，设计师需要注重情感色彩的表达，以引发游客的共鸣。特定的形态设计手法和元素选择，可以引发游客的共鸣和情感反应，使游客在游览过程中深刻感受到园林的情感意境。

例如，在一个以"浪漫爱情"为主题的园林中，设计师可以通过浪漫的建筑形式、柔和的色彩搭配和浪漫的植物配置等手法，营造出一种浪漫、温馨、甜蜜的氛围。这种情感色彩的表达不仅使园林空间更加富有感染力，也引发了游客对园林主题的情感共鸣。

### （四）形态设计的文化符号与主题的文化传承

园林是优秀传统文化的载体之一，其形态设计需要注重文化符号的传承和表达。特定的形态设计手法和元素选择，可以展现园林的优秀传统文化内涵和历史价值，使游客在游览过程中深刻感受到园林的文化底蕴和历史底蕴。

例如，在一个以"中国古典园林"为主题的园林中，设计师可以运用传统的建筑风格、园林布局手法以及具有象征意义的植物配置等，展现中国古典园林的独特魅力和文化内涵。这种文化符号的传承和表达不仅使空间园林更加具有历史感与文化感，也加深了游客对中华优秀传统文化的了解和认同。

## 三、形态设计与园林文化的结合

在园林设计中，形态设计与园林文化的结合是一种深层次的融合，其旨在通过形态设计的语言，展现园林文化的独特魅力和深刻内涵。以下从四个方面详细分析形态设计与园林文化的结合：

### （一）文化符号的提取与形态设计的创新

园林文化蕴含着丰富的历史、地理、民俗等元素，这些元素通常以特定的文化符号形式存在。在形态设计中，设计师需要深入挖掘这些文化符号，提取其精髓，并结合现代审美和设计理念，进行创新和转化。通过将优秀传统文化符号与现代形态设计相结合，设计师可以创造出既具有优秀传统文化底蕴，又符合现代审美需求的园林空间。

例如，在中国古典园林中，常见的文化符号有"梅兰竹菊""亭台楼阁"等。设计师可以提取这些符号的形态特点，如梅花的枝干、兰花的叶片、竹子的挺拔等，通过现代设计手法进行抽象和变形，创造出具有现代感和文化特色的景观形态。同时，设计师还可以结合现代材料和工艺，将这些文化符号融入景观设施、雕塑、小品等设计，使园林空间更加生动、有趣。

## （二）文化意境的营造与形态设计的表达

园林文化不仅仅包含物质层面的文化符号，更包含精神层面的文化意境。在形态设计中，设计师需要深入理解园林文化的精神内涵，通过形态设计的语言，营造符合园林文化意境的空间氛围。

以中国古典园林为例，其文化意境追求的是"天人合一""自然和谐"等理念。在形态设计上，设计师可以通过模拟自然山水、运用曲线造型、采用柔和色彩等手法，营造出一种宁静、自然、和谐的园林氛围。同时，设计师还可以结合优秀传统文化元素，如诗词、书画等，通过景观小品、石碑石刻等方式，将文化意境融入园林空间，使游客在游览过程中深刻感受到园林文化的独特魅力。

## （三）文化传统的传承与形态设计的延续

园林文化优秀传统文化的重要组成部分，其传承和发展对于弘扬民族文化、增强文化自信具有重要意义。在形态设计中，设计师需要注重文化传统的传承和延续，通过形态设计的语言，将优秀传统文化元素融入园林空间，使园林空间成为传承和展示优秀传统文化的重要载体。

在传承和延续文化传统的过程中，设计师需要深入了解优秀传统文化的内涵和价值，并结合现代审美和设计理念，进行创新和转化。例如，在园林设计中融入传统建筑的元素和风格，可以展现优秀传统文化的独特魅力和历史底蕴；在景观设计中融入传统诗词、书画等文化元素，可以丰富园林空间的文化内涵和增强艺术表现力。

## （四）文化交流的促进与形态设计的国际化

随着全球化的深入发展，文化交流已经成为推动不同文化相互理解、相互尊重的重要途径。在园林设计中，形态设计与园林文化的结合可以促进不同文化之间的交流和融合。

设计师可以学习和借鉴不同文化中的形态设计元素与理念，将其融入自己的设计，创造出具有跨文化特色和国际化视野的园林空间。同时，设计师还可以参加国际园林设计展览、研讨会等活动，与其他国家的设计师进行交流和合作，共同推动园林设计的创新和发展。这种文化交流不仅有助于提升园林设计的国际化水平，也有助于不同文化之间的相互理解和尊重。

# 第七章 园林植物的生态设计

## 第一节 生态设计的概念与意义

### 一、生态设计的定义

生态设计作为园林设计的重要分支，旨在通过科学、合理的设计手法，实现园林空间与自然环境的和谐共生。其核心理念在于尊重自然、顺应自然、保护自然，以实现人类活动与生态环境的和谐统一。以下从四个方面详细分析生态设计的定义：

#### （一）生态设计的自然尊重

生态设计的首要原则是对自然的尊重。这意味着在园林设计中，设计师需要充分了解和尊重自然环境的特点与规律，如地形、气候、土壤、植被等。通过深入研究和理解这些自然因素，设计师能够因地制宜，选择适合的园林植物和材料，打造既符合自然规律又满足人类需求的园林空间。同时，生态设计还强调对自然资源的合理利用和保护，以减少对自然环境的破坏和干扰。

#### （二）生态设计的和谐共生

生态设计追求的是人类活动与生态环境的和谐共生。在园林设计中，这体现在多个方面。首先，设计师需要充分考虑园林空间的功能需求和人类活动的特点，如游憩、观赏、文化等，以创造舒适、宜人的环境。其次，设计师需要注重园林空间与周围环境的协调性和统一性，如与周边建筑的风格、色彩相协调，与周边自然景观相融合等。最后，生态设计强调对生态系统的保护和恢复、设计师通过引入乡土植物、建设生态绿地等手段，提高生态系统的稳定性和自我调节能力。

### （三）生态设计的可持续发展

生态设计强调可持续发展理念。这意味着在园林设计中，设计师需要充分考虑资源、环境、经济等方面的可持续性。在资源利用方面，生态设计注重节约资源，减少浪费和污染；在环境保护方面，生态设计强调对自然环境的保护和恢复，减少对生态系统的破坏；在经济发展方面，生态设计追求经济效益和社会效益的平衡发展，实现园林建设的长期、稳定发展。

### （四）生态设计的科学性与实践性

生态设计是一门科学性和实践性都很强的学科。在科学性方面，生态设计师需要运用生态学、环境科学、景观学等相关学科的理论知识，为园林设计提供科学依据和理论支持。同时，需要借助现代科技手段，如遥感技术、GIS 技术等，对自然环境进行精确测量和分析。在实践性方面，生态设计师需要注重实际操作和效果评估。设计师需要根据具体情况灵活调整和优化设计方案，并在实践中不断总结经验教训，从而提高设计水平和实践能力。

综上所述，生态设计是一种注重自然尊重、和谐共生、可持续发展、科学性与实践性的园林设计方法。它强调人类活动与生态环境的和谐统一，追求资源、环境、经济等方面的平衡发展。在园林设计中，应用生态设计理念和方法，有助于实现园林空间的绿色、生态化和可持续发展。

## 二、生态设计在园林设计中的重要性

在园林设计中，生态设计的重要性日益凸显。它不仅仅关乎园林的美观和舒适度，更关系到园林与自然环境的和谐共生，以及可持续发展的实现。以下从四个方面详细分析生态设计在园林设计中的重要性：

### （一）保护生态环境与生物多样性

生态设计在园林设计中的重要性首先体现在对生态环境和生物多样性的保护上。传统的园林设计往往忽视对自然环境的尊重和保护，从而导致生态失衡和生物多样性的丧失。生态设计则强调以生态环境为基础，通过科学的规划和布局，最大限度地保留和恢复原有的生态环境。这不仅可以保护土壤、水源等自然资源，还能为野生动植物提供适宜的栖息环境，维持生物多样性的稳定。例如，在园林设计中引入乡土植物和生态群落，可以构建稳定的生态系统，提高园林的自我调节能力。

### （二）提升园林的生态效益与可持续性

生态设计有助于提升园林的生态效益和可持续性。通过合理的植物配置、水资源利用、废弃物处理等措施，生态设计可以减少园林建设对环境的负面影响，提高园林的生态质量。同时，生态设计还强调资源的循环利用和能源的节约利用，有助于实现园林建设的低碳、绿色、可持续发展。例如，在园林中建立雨水收集系统、使用太阳能等可再生能源，可以减少能源消耗和环境污染，提高园林的生态效益。

### （三）改善人类居住环境与健康状况

生态设计对于改善人类的居住环境与健康状况具有重要意义。随着城市化进程的加速，人们对居住环境的要求越来越高。生态设计通过创造绿色、舒适、健康的园林空间，可以满足人们对美好生活的追求。同时，生态设计还注重提高空气质量、减少噪声污染等，有利于保障人们的身心健康。例如，在园林中种植大量的绿色植物可以吸收空气中的有害物质、降低噪声污染，设置休闲健身设施可以满足人们的休闲娱乐需求。

### （四）推动园林行业的创新与发展

生态设计对于推动园林行业的创新与发展具有重要意义。随着人们对生态环境问题日益关注，生态设计已经成为园林设计的重要趋势。通过引入新的设计理念、技术手段和材料设备，生态设计可以推动园林行业的创新与发展。同时，生态设计还可以促进园林设计与其他学科的交叉融合，拓宽园林设计的范围。例如，在园林设计中引入生态工程技术、智能控制技术等新技术手段，可以提高园林建设的科技含量和智能化水平；与城市规划、建筑设计等学科交叉融合，可以推动园林设计向更加综合化、系统化的方向发展。

综上所述，生态设计在园林设计中具有非常重要的地位和作用。它不仅可以保护生态环境与生物多样性、提升园林的生态效益与可持续性、改善人类居住环境与健康状况，还可以推动园林行业的创新与发展。因此，在未来的园林设计中，我们应该更加注重生态设计的理念和方法的应用，以实现园林与自然环境的和谐共生和可持续发展。

## 三、生态设计的基本原则

在园林设计中，生态设计是一种可持续的对环境友好的设计方法，其基本原则对于实现园林与自然的和谐共生至关重要。以下从四个方面详细分析生态设计的基本原则：

### （一）尊重自然与因地制宜

生态设计的首要原则是尊重自然与因地制宜。这意味着在园林设计中，应充分考虑自然环境的特性和限制，避免对自然环境造成不必要的干扰和破坏。设计师需要深入了解场地的气候、地形、土壤、植被等自然因素，并依据这些因素进行科学合理的规划和设计。例如，在山地园林设计中，应尊重山体的自然形态，避免大规模的土方工程，同时，利用山地的高低起伏，创造丰富多样的景观效果。此外，因地制宜还体现在植物的选择上，设计师应选择适应当地气候和土壤条件的植物，以确保植物的成活率和健康生长。

### （二）生物多样性保护与生态平衡

生物多样性保护与生态平衡是生态设计的核心原则之一。在园林设计中，应注重保护和恢复生态系统的生物多样性，维持生态系统的稳定性和自我调节能力。设计师可以通过引入乡土植物、建设生态绿地、设置生态廊道等手段，为野生动植物提供适宜的栖息环境，促进生物多样性的恢复和保护。同时，应避免使用对生态环境有害的建筑材料和化学物质，以减少对生态系统的负面影响。生态平衡的实现需要综合考虑生态系统的各组成部分，如植物、动物、微生物等，以及它们之间的相互作用和关系，以确保生态系统的稳定性和可持续性。

### （三）资源节约与循环利用

资源节约与循环利用是生态设计的重要原则之一。在园林设计中，应注重资源的节约利用和循环利用，减少对自然资源的浪费。设计师可以通过合理规划空间布局、选择节水型植物和灌溉系统、利用可再生能源等方式，实现资源的节约利用。同时，还可以采用废弃物资源化利用、雨水收集利用等技术手段，实现资源的循环利用。这些措施不仅可以减少园林建设对环境的负面影响，还可以降低园林建设和维护的成本，提高园林的经济效益和社会效益。

### （四）以人为本与可持续发展

以人为本与可持续发展是生态设计的最终目标。在园林设计中，应充分考虑人类的需求和利益，创造舒适、健康、宜人的园林空间。同时，也要注重可持续发展，确保园林的长期稳定和发展。设计师可以通过引入智能化技术、提高园林设施的便捷性和舒适性、加强对园林的管理和维护等方式，提高园林的使用价值和综合效益。此外，还应注重园林与周边环境的协调性和统一性，实现园林与城市的和谐发展。可持续发展理念，要求综合考虑经济、社会和环境等方面的因素，确保园林建设的长期稳定性和可持续性。

综上所述，生态设计在园林中具有非常重要的地位和作用。其基本原则包括尊重自然与因地制宜、生物多样性保护与生态平衡、资源节约与循环利用以及以人为本与可持续发展。这些原则为园林设计提供了科学、合理、可持续的指导方向，有助于实现园林与自然环境的和谐共生和可持续发展。

## 四、生态设计的实践意义

生态设计在园林规划与建设中的意义深远，它不仅仅是对自然环境的尊重与保护，更是对人类生活方式和城市发展模式的深度反思与引领。以下从四个方面详细分析生态设计的实践意义：

### （一）促进生态环境质量的提升

生态设计在园林建设过程中的首要意义在于其对生态环境质量的提升。通过生态设计，园林建设能够最大限度地减少对环境的破坏，保护并恢复场地的自然生态系统。设计师在规划过程中，应注重场地的生态特征，选择适合的植物种类和配置方式，以打造出一个稳定、健康、富有生机的绿色空间。这样的设计不仅能够为城市居民提供丰富的生态体验，还能够有效提高空气质量、减少噪声污染、调节城市微气候，为城市生态环境的改善作出积极贡献。

## （二）增强城市的生态服务功能

生态设计在园林建设过程中的第二个重要意义在于其能够增强城市的生态服务功能。随着城市化进程的加速，城市面临着越来越多的生态环境问题，如热岛效应、水资源短缺、空气污染等。生态设计通过引入绿色植被、建设生态绿地、构建生态廊道等手段，能够增加城市的绿地面积，提高城市的绿化率，从而增强城市的生态服务功能。这些绿色空间不仅能够为城市居民提供休闲、娱乐、游憩的场所，还能够为城市提供生态调节、空气净化、水源涵养等生态服务，从而提升城市的生态品质和居住舒适度。

## （三）推动绿色生活方式的普及

生态设计在园林建设过程中的第三个重要意义在于其能够推动绿色生活方式的普及。随着人们对生态环境问题的关注度不断提高，绿色生活方式逐渐成为社会的主流趋势。生态设计通过创造绿色、舒适、健康的园林空间，可以引导人们积极参与绿色生活，倡导绿色消费、绿色出行、绿色办公等理念。同时，生态设计还注重将园林空间与人们的日常生活紧密结合起来，使人们在享受园林美景的同时，能够感受到绿色生活带来的便利和舒适。这样的设计不仅能够提高人们的生活质量，还能够促进社会的可持续发展。

## （四）指引城市可持续发展的方向

生态设计在园林建设过程中的第四个重要意义在于其能够指引城市可持续发展的方向。随着城市化进程的加速和人口的不断增长，城市面临着越来越多的资源和环境压力。生态设计通过引入可持续发展的理念和方法，可以将园林设计与城市的整体发展紧密结合起来，为城市的可持续发展提供有力的支撑。通过生态设计，城市可以实现资源的高效利用、环境的持续优化、经济的持续增长和社会的和谐稳定。这样的设计不仅能够满足当前城市发展的需求，还能够为未来的城市发展奠定坚实的基础，引领城市走上更加绿色、可持续的发展道路。

综上所述，生态设计在园林建设过程中的意义深远而重大。它不仅能够促进生态环境质量的提升、增强城市的生态服务功能、推动绿色生活方式的普及，还能够指引城市可持续发展的方向。因此，在未来的园林规划和建设中，我们应该更加注重生态设计的理念和方法的应用，以实现人与自然的和谐共生和城市的可持续发展。

# 第二节　植物的生态功能与应用

## 一、植物的生态功能概述

植物作为生态系统不可或缺的一部分，不仅为生物提供了生存的基础，还在维持生态平衡、提高环境质量等方面发挥着重要作用。以下从四个方面详细分析植物的生态功能：

### （一）光合作用与碳氧平衡

植物通过光合作用，利用光能、水和二氧化碳合成有机物，并释放出氧气，为生态系统的物质循环和能量流动提供了基础。在在这一过程中，植物不仅为自身生长提供了能量和物质，还通过释放氧气提高了大气质量，促进了生物圈内的碳氧平衡。在全球变暖的背景下，植物的光合作用对于减缓大气中二氧化碳浓度的上升、缓解温室效应具有重要意义。

此外，植物的光合作用还受到光照、温度、水分等因素的影响。因此，在园林设计中，合理选择和配置植物种类，确保植物充分利用光能进行光合作用，对于提高园林的生态效益至关重要。例如，可以在阳光充足的地方种植喜阳植物，提高光合作用效率；在荫蔽处种植耐阴植物，保证植物的正常生长。

### （二）水分调节与水文循环

植物通过蒸腾作用释放大量水分到大气中，参与并影响水文循环过程。一方面，植物的蒸腾作用能够降低周围环境的温度，增加空气湿度，改善小气候环境；另一方面，植物通过根系吸收地下水分，并将其释放到大气中，这有助于补充大气中的水汽，促进降水过程。因此，植物在保持水土、防止水土流失、涵养水源等方面具有重要作用。

在园林设计中，应注重植物的水分调节功能，通过选择具有强大根系和良好蒸腾作用的植物种类，提高园林的保水能力和抗旱性。同时，合理规划和布置植物群落，形成稳定的生态系统，有助于增强园林对水文循环的调节能力。

### （三）土壤保持与改良

植物的根系能够固定土壤，防止水土流失，并通过分泌有机物质和分解凋落物等方式改良土壤结构，提高土壤肥力。在园林设计中，植物的土壤保持与改良功能对于维持园林生态系统的稳定性和可持续性具有重要意义。

为了充分发挥植物的土壤保持与改良功能，在园林设计中应注重选择适应性强、根系发达的植物种类。同时，在通过合理布局和配置植物群落，形成稳定的植物群落结构，提高园林的土壤保持能力。此外，还可以通过引入有机肥料、生物肥料等措施，进一步提高土壤的肥力和生产力。

### （四）生物多样性与生态平衡

植物作为生态系统中的生产者，为其他生物提供了食物和栖息地。在园林设计中，注重植物的多样性和合理配置，能够吸引更多的动物和微生物，增强生态系统的生物多样性。同时，植物还能够通过与其他生物的相互作用和竞争关系，维持生态系统的平衡和稳定。

为了维持生物多样性与生态平衡，在园林设计中，应注重植物种类的多样性和丰富性。通过引入不同种类的植物，形成多样化的植物群落结构，为其他生物提供更多的生存空间和食物来源。同时，还应注重植物与其他生物的相互作用关系，避免引入对生态系统造成破坏的外来物种或过度开发导致的生物灭绝。

## 二、植物在生态修复中的应用

### （一）植物在土壤修复中的应用

土壤是生态系统的重要组成部分，然而，由于人类活动的影响，土壤污染和退化问题日益严重。植物在土壤修复中发挥着重要作用，它们通过吸收、转化和降解有害物质，可以达到提高土壤质量、恢复土壤功能的目的。

首先，植物根系能够固定土壤，防止水土流失，同时其在生长过程中能够分泌有机物质，促进土壤团粒结构的形成，提高土壤肥力。其次，某些植物对特定污染物具有较强的吸收能力，如重金属超富集植物能够吸收土壤中的重金属离子，从而降低土壤中重金属的浓度。最后，植物的凋落物在分解过程中能够释放养分，进一步提高土壤质量。

在土壤修复实践中，可以通过种植适应性强的植物种类，如草本植物、灌木和乔木等，形成多层次的植物群落结构。这种结构不仅能够有效防止水土流失，还能够通过植物的协同作用，提高土壤修复的效率。同时，可以结合土壤污染的类型和程度，选择具有特定修复功能的植物种类，如重金属超富集植物、有机污染物降解植物等，实现针对性修复。

## （二）植物在水体修复中的应用

水体污染是生态环境问题中的重点问题之一，植物在水体修复中同样发挥着重要作用。植物的吸收、转化和降解作用，可以去除水体中的有害物质，恢复水体的生态功能。

首先，植物能够吸收水体中的营养物质和有机污染物，减少水体富营养化和水体污染。例如，湿地植物能够吸收水中的氮、磷等营养物质，降低水体中营养盐的浓度。其次，植物的根系能够稳定水体底泥，防止底泥中的有害物质释放到水体中。最后，植物的凋落物在分解过程中能够释放养分，为水体中的微生物提供营养物质，促进水体生态系统的恢复。

在水体修复实践中，可以选择适合生长在水中的植物种类，如挺水植物、浮叶植物和沉水植物等。这些植物不仅能够直接吸收水体中的有害物质，还能够通过根系稳定水体底泥，防止底泥中的有害物质释放到水体中。同时，可以结合水体污染的类型和程度，选择具有特定修复功能的植物种类，如重金属吸收植物、有机污染物降解植物等，实现针对性修复。

## （三）植物在生物多样性恢复中的应用

生物多样性是生态系统稳定性和可持续性的基础，然而，由于人类活动的影响，生物多样性面临着严重的威胁。植物在生物多样性恢复中发挥着重要作用，其通过提供食物和栖息地，吸引和维持着其他生物种类的生存与繁衍。

首先，植物的多样性能够为其他生物提供丰富的食物来源和栖息地选择。在生态修复过程中，可以通过种植多种植物，形成多样化的植物群落结构，吸引更多的动物和微生物种类，增强生态系统的生物多样性。其次，植物的凋落物和根系分泌物等能够为土壤中的微生物提供营养物质与生存环境，促进微生物的生长和繁衍，进一步提升生态系统的生物多样性。

在生物多样性恢复的实践中，应注重植物种类的多样性和丰富性，通过引入乡土植物和外来适生植物等植物种类，形成多样化的植物群落结构。同时，应结合生态系统的特点和需求，选择具有特定生态功能的植物种类，如蜜源植物、鸟类栖息地植物等，为其他生物提供更多的生存空间和食物来源。

### （四）植物在生态系统服务提升中的应用

生态系统服务是指生态系统为人类提供的各种资源和环境服务，如食物生产、水源涵养、气候调节等。植物在生态系统服务提升中发挥着重要作用，其可通过提高环境质量、增强生物多样性等方式，提高生态系统的稳定性和可持续性。

首先，植物的生长和繁殖能够提高环境质量、空气质量和土壤质量等。例如，绿色植物能够吸收空气中的二氧化碳和有害气体，释放氧气和负氧离子等有益物质；同时，其根系能够固定土壤、防止水土流失和土地荒漠化等。这些作用都有助于提高环境质量，提高生态系统的稳定性和可持续性。

其次，植物的多样性和丰富性能够增强生态系统的生物多样性，提高生态系统的生产力和稳定性。在生态修复过程中，应通过种植多种植物，形成多样化的植物群落结构，吸引更多的动物和微生物种类，增生态系统的生物多样性。这不仅有助于维持生态系统的平衡和稳定，还能够为人类提供更多的生态服务和资源。

最后，植物能够为人类提供食物、药物等资源和产品。例如，农作物是人类食物的主要来源之一，药用植物则是人类药物的重要来源之一。这些资源和产品不仅满足了人类的生存需求，还促进了人类社会的发展和进步。

综上所述，植物在生态修复中发挥着重要作用，在土壤修复、水体修复、生物多样性恢复和生态系统服务提升等方面都具有显著的应用价值。因此，在生态修复实践中，应充分利用植物的功能和作用，发挥其最大的生态修复潜力。

## 三、植物在生物多样性保护中的作用

### （一）植物是生物多样性的基础

植物作为地球上最早出现的生命形式，是生物多样性的重要基础。它们的多样性不仅体现在物种的丰富性上，还体现在遗传、生态和地理等层面上。植物的多样性为其他生物提供了丰富的食物来源和栖息环境，是维持地球生态平衡的关键。

首先，植物的多样性为动物提供了食物链的底层支持。许多动物的生存依赖于植物，即植物的种类和数量直接影响到动物的生存与繁衍。因此，保护植物的多样性对于维持动物多样性至关重要。

其次，植物的多样性对于维持生态系统的稳定性具有重要意义。不同种类的植物在生态系统中扮演着不同的角色，它们之间的相互作用和依存关系构成了复杂的生态系统网络。这个网络的稳定性依赖于植物多样性的保持，只有保持植物多样性，才能确保生态系统的正常运转和稳定性。

### （二）植物在生态系统中的作用

植物在生态系统中扮演着多种角色，它们通过光合作用、蒸腾作用等过程参与生态系统的物质循环和能量流动，对生态系统的稳定性和健康起着至关重要的作用。

首先，植物通过光合作用吸收二氧化碳并释放氧气，维持了大气中碳氧的平衡。这一过程对于减缓全球气候变暖、降低温室气体浓度具有重要意义。同时，植物的光合作用也为生态系统提供了能量来源，支持了其他生物的生命活动。

其次，植物的蒸腾作用能够促进水分循环和气候调节。植物通过蒸腾作用释放大量水分到大气中，形成云层并促进降水过程。这一过程对于维持地球水循环和气候稳定具有重要意义。

最后，植物能够通过以根系固定土壤、防止水土流失和土地退化等过程，参与生态系统的保护和恢复。这些过程对于维护生态系统的完整性和稳定性具有重要作用。

### （三）植物对特定物种的保护

植物不仅对整个生态系统具有保护作用，还对某些特定物种具有特殊的保护作用。例如，一些植物为特定的动物提供了独特的栖息地和食物来源，这些动物对这些植物高度依赖。因此，保护植物对于维持这些动物的生存和繁衍具有重要意义。

此外，植物还能够通过花粉传播、种子传播等方式帮助其他植物进行繁殖和扩散。这些过程对于维持植物多样性和生态系统的稳定性具有重要意义。因此，保护植物也是保护生物多样性的重要手段之一。

### 四、植物在生物多样性保护中的应用

在生物多样性保护的实践中，植物具有广泛的应用价值。例如，通过种植和保护具有特殊生态功能的植物种类，我们可以恢复和重建受损的生态系统；通过引入外来适生植物种类，我们可以增强生态系统的多样性和稳定性；通过研究和利用植物的遗传多样性，我们可以培育出具有更强抗逆性和适应性的新品种。

此外，植物还可以作为生物指示物种监测生态系统的变化。一些植物对环境变化非常敏感，它们的生长状况可以反映生态系统的健康状况和变化趋势。因此，通过监测这些植物的生长状况，我们可以及时发现生态系统的问题并采取相应的保护措施。

总之，植物在生物多样性保护中发挥着重要作用。它们作为生物多样性的基础，在生态系统中发挥着关键作用，特别是在对特定物种的保护以及生物多样性保护的实践等方面具有重要的价值。因此，我们应该加强对植物的保护和研究工作，充分发挥植物在生物多样性保护中的作用。

## 四、植物在气候调节中的功能

### （一）植物的光合作用与大气碳循环

植物通过光合作用将大气中的二氧化碳转化为有机物并释放氧气，这一

过程在气候调节中扮演着举足轻重的角色。光合作用是地球上最重要的碳固定过程之一，对维持大气中碳氧的平衡起着关键作用。随着人类活动的增加，大量化石燃料的燃烧导致大气中二氧化碳的浓度不断升高，全球气候变暖问题日益严重。植物的光合作用能够有效地吸收和固定大气中的二氧化碳，从而降低大气中温室气体的浓度，减缓全球气候变暖的速度。

此外，植物的种类、分布和生长状况等因素对光合作用的效率有着重要影响。因此，在气候调节中，植物的多样性保护尤为重要。保护和恢复植物多样性，可以提高生态系统的碳固定能力，进而增强生态系统的气候调节功能。

### （二）植物的蒸腾作用与大气水循环

植物的蒸腾作用是指植物通过气孔将水分以气态形式释放到大气中的过程。这一过程对大气水循环和气候调节具有重要意义。首先，植物的蒸腾作用能够增加大气中的水汽含量，促进云的形成和降水过程。其次，植物的蒸腾作用能够降低植物叶片和周围环境的温度，形成局部的小气候环境，对解决城市热岛效应等气候问题具有重要作用。

此外，植物的蒸腾作用还受到光照、温度、湿度等因素的影响。因此，在气候调节中，应充分考虑植物的生理特性和生态需求，合理选择和配置植物种类，以充分发挥植物的蒸腾作用。例如，在干旱地区种植耐旱植物，可以减少水分的蒸发损失，提高水分的利用效率；在湿润地区种植喜湿植物，可以增加大气中的水汽含量，促进降水过程。

### （三）植物的反射率与地表温度

植物的反射率是指植物表面反射太阳辐射的能力。不同种类的植物具有不同的反射率，这对地表温度和气候调节具有重要影响。一方面，植物的反射率相对较低，能够吸收更多的太阳辐射能量，这有利于植物的生长和发育；另一方面，植物的反射率能够影响地表温度。例如，在夏季高温季节，植物的反射率较低，能够减少地表对太阳辐射的反射，降低地表温度；而在冬季寒冷季节，植物的反射率较高，能够增加地表对太阳辐射的反射，提高地表温度。

因此，在气候调节中，应充分考虑植物的反射率特性。合理选择和配置植物种类，可以调节地表温度，改善局部气候环境。例如，在城市绿化中种植高大乔木和灌木等植物，可以提高城市绿地的反射率，降低城市地表温度；在沙漠地区种植耐旱植物，可以降低地表反射率，减少太阳辐射对地表的影响。

### （四）植物对气候变化的响应与适应

植物作为生态系统的重要组成部分，对气候变化具有敏感性和适应性。一方面，气候变化会影响植物的生长和分布，改变生态系统的结构和功能；另一方面，植物会通过自身的生理和生态机制适应气候变化。

在气候调节中，应充分考虑植物对气候变化的响应和适应机制。通过加强对植物的保护和研究工作，了解植物对气候变化的敏感性和适应性，我们可以为制定有效的气候调节策略提供科学依据。例如，在气候变化背景下，可以通过调整种植结构和选择适应性强的植物种类，提高生态系统的稳定性和生产力；也可以通过加强植物的遗传改良和培育工作，培育出具有更强抗逆性和适应性的新品种，以此应对气候变化带来的挑战。

## 第三节　生态设计的原则与方法

### 一、生态设计的原则

#### （一）尊重自然原则

生态设计的首要原则就是尊重自然。这意味着在设计过程中，我们应当尽可能地减少对自然环境的干扰和破坏，尊重生态系统的自然演替规律和生态平衡。具体而言，尊重自然原则包括以下几个方面的内容。

首先，要尊重自然环境的多样性和复杂性。自然生态系统是一个复杂而精密的系统，其中包含了多种生物和非生物因素。在生态设计中，我们应当充分考虑这些因素，保持生态系统的完整性和稳定性。

其次，要尊重自然环境的承载能力。自然环境具有一定的承载能力，能够支持一定数量的生物种群和生态过程。在生态设计中，我们应当根据环境的承载能力合理规划和利用资源，避免过度开发和利用导致的环境破坏。

最后，要尊重自然环境的自我恢复能力。自然环境具有一定的自我恢复能力，能够在受到破坏后逐渐恢复。在生态设计中，我们应当充分利用这种自我恢复能力，通过合理的规划和设计促进环境的恢复与再生。

### （二）可持续发展原则

可持续发展是生态设计的核心原则之一。它要求我们在设计过程中充分考虑资源的有限性和环境的脆弱性，追求经济、社会和环境的协调发展。具体而言，可持续发展原则包括以下几个方面的内容。

首先，要合理利用资源。在生态设计中，我们应当采用节能、节水、节材等措施，降低资源的消耗和浪费。同时，要积极推广可再生资源和循环利用技术，减少对自然资源的依赖。

其次，要关注环境的长期影响。在生态设计中，我们应当充分考虑设计方案对环境的长期影响，避免对环境造成不可逆的损害。同时，要积极探索和采用新技术、新材料和新方法，降低对环境的影响。

最后，要促进经济、社会和环境的协调发展。在生态设计中，我们应当注重经济效益、社会效益和环境效益的协调统一，追求人与自然和谐共生的目标。

### （三）整体性原则

生态设计强调整体性原则，即将设计对象视为一个整体进行考虑。在生态设计中，我们应当充分考虑设计对象与周围环境的关系，以及设计对象内部各要素之间的相互作用和联系。具体而言，整体性原则包括以下几个方面的内容。

首先，要考虑设计对象与周围环境的协调性。在生态设计中，我们应当根据设计对象所处环境特点选择合适的设计方案和建筑材料，以保证设计对象与周围环境的和谐统一。

其次，要考虑设计对象内部各要素之间的相互作用和联系。在生态设计中，我们应当充分考虑设计对象内部各要素之间的相互影响和依赖关系，确保设计方案的合理性和可行性。

最后，要注重生态系统的整体性和稳定性。在生态设计中，我们应当关注生态系统的整体性和稳定性，通过合理的规划和设计维持生态系统的平衡与稳定。

### （四）公众参与原则

公众参与是生态设计的重要原则之一。它要求我们在设计过程中充分听取公众的意见和建议，关注公众的利益和需求。具体而言，公众参与原则包括以下几个方面的内容。

首先，要加强与公众的沟通和交流。在生态设计中，我们应当积极与公众沟通和交流，了解公众的需求和期望，确保设计方案符合公众的利益和期望。

其次，要鼓励公众参与决策过程。在生态设计中，我们应当鼓励公众参与决策过程，让公众对设计方案提出意见和建议，以增强公众对设计的认同感和归属感。

最后，要关注公众的利益和需求。在生态设计中，我们应当充分考虑公众的利益和需求，确保设计方案满足公众的需求和期望，从而提高公众的生活质量和幸福感。

## 二、生态设计的方法

### （一）基于生态系统的设计方法

基于生态系统的设计方法是生态设计的重要基础，它强调在设计过程中充分考虑生态系统的自然规律和特征，以生态系统的稳定和可持续性为导向进行设计。这种方法的核心在于理解和分析生态系统的结构、功能与过程，以及各要素之间的相互作用和联系。

首先，对目标区域进行生态调查和分析，了解生态系统的类型、结构和功能特点，以及物种组成、生境条件和生态过程等信息。这有助于确定设计的目标和限制条件，以及设计方案的可行性和可持续性。

其次，根据生态系统的自然规律和特征，制定设计策略和方案。这包括选择合适的植物种类和配置方式，设计合理的地形和水系结构，以及建立生态廊道和生境连接等。通过模拟和预测生态系统的响应与变化，不断优化设计方案，以实现生态系统的稳定和可持续性。

最后，建立生态系统的监测和评估体系，对设计实施后的生态系统进行定期监测和评估。这有助于及时发现和解决问题，确保生态系统的稳定和可持续性。

## （二）生命周期设计方法

生命周期设计方法是生态设计的重要手段之一，它强调在设计过程中考虑产品从生产、使用到废弃的整个生命周期内的环境影响和资源消耗。这种方法有助于减少资源浪费和环境污染，提高产品的环境性能和可持续性。

首先，对产品的生命周期进行全面的评估和分析，了解产品在不同阶段的环境影响和资源消耗情况。这有助于确定设计改进的重点和方向，以及制定针对性的设计策略。

其次，通过优化产品设计、选择环保材料和工艺、提高产品能效和耐久性等措施，降低产品在整个生命周期内的环境影响和资源消耗。同时，需要考虑产品的可回收性和再利用性，以促进资源的循环利用和节约。

最后，对设计实施后的产品进行生命周期评价，了解产品的实际环境性能和可持续性表现。这有助于验证设计方案的可行性和有效性，为未来的设计提供借鉴和参考。

## （三）集成化设计方法

集成化设计方法是生态设计的重要策略之一，它强调在设计过程中综合考虑各种因素和技术手段，实现资源的优化配置和高效利用。这种方法有助于提高设计的综合效益和可持续性。

首先，对设计目标进行全面的分析和理解，明确设计的核心需求和约束条件。这有助于确定设计的方向和重点，以及选择合适的设计方法和工具。

其次，通过集成各种技术手段和资源，实现设计目标的全面优化。这包括通过采用绿色建筑技术、推广可再生能源、应用智能控制技术等手段，提高建筑的能效和舒适度。同时，需要考虑交通、景观、文化等因素的集成，实现城市空间的综合优化。

最后，加强不同领域和部门之间的合作与协调，实现资源的共享和互补。

这有助于打破传统设计领域的界限和壁垒，推动生态设计的创新和发展。

### （四）公众参与与协作设计方法

公众参与与协作设计方法是生态设计的重要途径之一，它强调在设计过程中充分听取公众的意见和建议，实现设计的民主化和多元化。这种方法有助于提高设计的科学性和可接受性。

首先，建立有效的公众参与机制，让公众参与设计的全过程。这可以通过组织座谈会、问卷调查、网络征集等方式实现，收集公众对设计的意见和建议。

其次，加强与公众的沟通和交流，让公众了解设计的目标和意义，以及设计方案的可行性和效果。有助于提高公众对设计的认同感和支持度，促进设计的顺利实施。

最后，注重公众的反馈和评估，对设计方案进行不断的优化和改进。这可以通过建立反馈机制、邀请公众代表参与评审等方式实现，从而确保设计方案符合公众的利益和需求。

# 第四节　生物多样性保护与植物种植

## 一、生物多样性的重要性

作为地球上生命体系的核心组成部分，生物多样性的重要性不言而喻。生物多样性的价值体现在生态平衡、经济发展、科学研究和文化多样性等方面。以下从四个方面详细阐述生物多样性的重要性。

### （一）维持生态平衡与稳定

生物多样性对于维持生态平衡与稳定至关重要。首先，生物多样性使生态系统中存在多种生物链和食物网，它们之间相互依存、相互制约，形成了复杂而稳定的生态关系。这种稳定性能够抵御外界环境的干扰和冲击，保持生态系统的健康和稳定。其次，生物多样性能够确保生态系统的功能多样性，包括土壤保持、水源涵养、气候调节等。这些功能对于维持地球生态系统的稳定和安全具有重要意义。

例如，在森林生态系统中，不同种类的树木、灌木和草本植物共同构成了复杂的植物群落。这些植物通过根系固定土壤、吸收养分和水分，为动物提供栖息地和食物来源。同时，植物还能够通过蒸腾作用调节气候、净化空气。当生态系统中的生物多样性受到破坏时，这些功能将会受到影响，导致生态系统的不稳定和崩溃。

## （二）促进经济发展与可持续利用

生物多样性是经济发展的重要基础。首先，生物多样性为人类提供了丰富的自然资源和原材料，如木材、药材、食物等。这些资源对于人类的生产和生活具有重要意义。其次，生物多样性中的物种多样性和基因多样性为农业、医药及生物技术等领域提供了重要的研究与开发资源。通过利用这些资源，人类可以开发出新的品种、药物和生物技术产品，推动经济的发展和社会的进步。最后，生物多样性还促进了生态旅游和休闲产业的发展。许多国家和地区利用自身独特的生物资源来发展生态旅游和休闲产业，吸引了大量游客前来观光和休闲。这不仅促进了当地经济的发展，还增强了人们对生物多样性的保护意识。

## （三）推动科学研究与知识创新

生物多样性对于科学研究与知识创新具有重要意义。首先，生物多样性为科学研究提供了丰富的实验材料和研究对象。通过对不同物种和生态系统的研究，科学家可以深入了解生命的起源、演化和适应机制等科学问题。其次，生物多样性中的物种多样性和基因多样性为基因工程、生物技术等领域提供了重要的研究与开发资源。通过利用这些资源，科学家可以开发出新的生物技术产品和治疗方法，推动医学和生物科学的发展。最后，生物多样性还推动了生态学、地理学、环境科学等学科的发展。通过对生物多样性的研究，人们可以深入了解生态系统的结构、功能和演变规律等科学问题，这为环境保护和可持续发展提了供科学依据。

## （四）丰富人类文化与精神生活

生物多样性丰富了人类的文化与精神生活。首先，生物多样性使地球上存在着各种各样的生物和生态系统，它们为人类提供了丰富多彩的自然景观和生态环境。这些景观和环境不仅给人们带来了美的享受与心灵的慰藉，还激发了人们的创造力和想象力。其次，生物多样性中的物种多样性和文化多样性为人类的文化发展提供了重要的基础与支撑。通过了解不同生物和文化的信息与故事，人们可以更加深入地了解自己和世界，促进不同文化的交流和融合。

总之，生物多样性是地球生命体系的重要组成部分，其重要性不言而喻。从维持生态平衡、促进经济发展、推动科学研究及丰富人类文化等方面来看，生物多样性始终具有重要的价值和意义。因此，我们应该积极保护和利用生物资源，推动生态文明和社会的可持续发展。

## 二、植物种植对生物多样性的影响

植物种植作为人类活动的一部分，对生物多样性产生了深远的影响。这种影响既可以是积极的，也可以是消极的，取决于种植的方式、种类和规模。以下从四个方面详细分析植物种植对生物多样性的影响：

### （一）植物种植与生态系统多样性的关系

植物种植活动直接影响着生态系统的多样性。首先，合理的植物种植能够增强生态系统的物种多样性。引入不同种类的植物，可以提升生态系统的物种丰富度，提高生态系统的稳定性和抵抗力。例如，在农田生态系统中，种植多种作物可以减少病虫害的发生，提高农田生态系统的稳定性。此外，在城市绿地系统中，引入多样化的植物种类可以增强绿地的生态服务功能，如净化空气、调节气候等。

然而，不合理的植物种植也可能导致生态系统多样性降低。过度的单一化种植会导致生态系统的物种减少，破坏生态系统的平衡和稳定。例如，在农业生产中，过度依赖少数几种作物品种，可能导致生物多样性的丧失和病虫害的加剧。此外，在城市绿化中，过度追求景观效果而忽视生态功能也可能导致生物多样性降低。

## （二）植物种植与物种保护的关系

植物种植对物种保护具有重要影响。一方面，合理的植物种植可以为濒危物种提供栖息地和食物来源，促进物种的保护和恢复。例如，在保护区内种植适宜的植物可以为珍稀动植物提供必要的生存环境。此外，在城市绿地中引入本地植物种类也可以为城市野生动物提供栖息地和食物来源。

另一方面，不合理的植物种植可能会对物种保护造成负面影响。过度的外来植物种植可能导致本地物种的生存空间被压缩，甚至导致本地物种的灭绝。此外，一些外来植物可能携带病虫害，从而对本地生态系统造成破坏和威胁。

## （三）植物种植与生态网络连接的关系

植物种植对于保护生态网络连接具有关键作用。生态网络连接是指不同生态系统之间通过生物流、能量流和信息流相互连接与交流的过程。植物是为生态系统的重要组成部分，其种植方式和分布格局对生态网络连接具有重要影响。

合理的植物种植可以促进生态网络连接的形成和维持。通过选择适宜的植物种类和配置方式，我们可以建立生态廊道、生态屏障等结构，促进不同生态系统之间的物质和能量交流。这有助于维持生态系统的稳定性和完整性，提高生态系统的自我恢复能力。

然而，不合理的植物种植也可能破坏生态网络连接。过度的砍伐、破坏和改造可能破坏原有生态系统的结构与功能，导致生态网络连接的断裂和失效。这将对生态系统的稳定性和完整性造成严重影响，甚至导致生态系统的崩溃和退化。

## （四）植物种植与人类文化的关系

植物种植不仅影响着生物多样性，还与人类文化密切相关。首先，植物是人类文化和艺术的重要载体。不同的植物种类和种植方式反映了不同地域与民族的文化特色及历史传统。通过种植和欣赏植物，人们可以了解和传承自己的文化传统与历史记忆。

其次，植物种植与人类的精神生活密切相关。植物具有独特的审美价值和情感意义，能够给人们带来美的享受和心灵的慰藉。在公园、花园和庭院中种植植物可以营造宜人的环境氛围，提高人们的生活质量和幸福感。

最后，植物种植与人类的经济活动密切相关。植物作为重要的自然资源和原材料，对于农业、林业、园艺等产业的发展具有重要意义。合理的植物种植和利用，可以促进经济的繁荣和发展。

综上所述，植物种植对生物多样性具有重要影响。合理的植物种植方式和方法，可以促进生态系统的稳定和生物多样性的保护；同时，需要关注植物种植对物种保护、生态网络连接及人类文化等方面的影响，以实现生物多样性和人类社会的可持续发展。

## 三、生物多样性保护中的植物种植策略

植物种植在生物多样性保护中扮演着至关重要的角色。为了充分发挥植物种植对生物多样性的积极影响，需要采取一系列科学、合理的策略。以下从四个方面详细分析生物多样性保护中的植物种植策略。

### （一）优先选择本地植物种类

在生物多样性保护中，优先选择本地植物种类是一个关键策略。本地植物种类通常与当地生态系统具有高度的适应性，能够更好地融入当地生态网络，为当地的动植物提供适宜的栖息地和食物来源。同时，本地植物种类在生长过程中不需要额外引入和保护，能够降低人为干扰和外来物种的入侵风险。因此，在种植植物时，应优先考虑使用本地植物种类，特别是那些具有生态价值和保护意义的物种。

此外，对于外来植物种类的引入，需要进行严格的评估和管理。避免引入那些可能对当地生态系统造成威胁的外来物种，如入侵性强的杂草、病虫害等。同时，对于已经引入的外来物种，需要加强监测和管理，防止其扩散和破坏当地生态系统。

### （二）采用多样化的种植方式

多样化的种植方式是保护生物多样性的一个重要策略。在种植植物时，应避免过度单一化的种植方式，而应采用多样化的种植方式，如混交林、复合种植等。这些种植方式可以增强生态系统的物种多样性和复杂性，提高生态系统的稳定性和抵抗力。同时，多样化的种植方式还可以为不同种类的生

物提供适宜的栖息地和食物来源，维持物种的多样性和生态平衡。

此外，在种植植物时还应注重植物之间的搭配和配置。合理的植物搭配和配置，可以形成有利于生物多样性的生态环境，如营造多层次的植物群落、设置生态屏障等。这些措施可以保护生物多样性，防止外来物种的入侵和破坏。

### （三）加强生态恢复和重建工作

在生物多样性保护中，加强生态恢复和重建工作是一个重要的策略。对于那些已经被破坏或退化的生态系统，可以通过植物种植进行生态恢复和重建。在进行生态恢复和重建的过程中，应优先考虑使用本地植物种类，以恢复生态系统的自然状态和功能。同时，需要结合生态系统的实际情况，采取合理的种植方式和配置方式，确保生态系统的稳定性和可持续性。

在生态恢复和重建工作中，还需要加强与其他生态保护措施的结合和协调。例如，在治理水土流失的过程中，可以通过植物种植固定土壤、涵养水源；在保护野生动物的过程中，可以通过植物种植提供栖息地和食物来源。这些措施可以相互促进、相互补充，共同推动生物多样性的保护和恢复。

### （四）增强公众的参与和意识

在生物多样性保护中，增强公众参的与意识是一个不可忽视的策略。公众是生物多样性保护的重要力量，他们的参与意识对于生物多样性保护具有重要意义。因此，在种植植物的过程中，应积极开展公众教育和宣传活动，提高公众对生物多样性保护的认识。同时，应鼓励公众参与植物种植活动，让他们亲身参与生物多样性保护的实践活动。

此外，可以通过建立志愿者团队、开展公益活动等方式，吸引更多的公众参与生物多样性保护活动。这些措施可以激发公众的积极性和创造力，推动生物多样性保护工作的深入开展。同时，还可以通过公众的参与和监督，促进植物种植活动的规范化和科学化，提高生物多样性保护的效果和质量。

## 四、生物多样性保护与植物种植的协同发展策略

生物多样性保护与植物种植之间存在着紧密的、相互依存的关系。为了实现两者的协同发展，需要从多个方面进行分析和探讨。以下从四个方面详

细分析生物多样性保护与植物种植的协同发展策略：

## （一）科学规划与合理布局

科学规划与合理布局是生物多样性保护与植物种植协同发展的基础。在规划阶段，需要综合考虑生态系统的自然特点、物种分布和生态需求，以及人类活动的影响和需求。通过科学规划，我们可以明确保护区域和种植区域的范围与界限，确保生物多样性保护和植物种植的协调发展。

在布局上，应充分考虑生态系统的连通性和完整性，避免破碎化和隔离状态。通过合理的种植布局，我们可以建立生态廊道、生态屏障等结构，促进不同生态系统之间的物质和能量交流，为生物多样性的保护提供有力支持。

## （二）品种选择与生态适应性

在植物种植过程中，品种选择与生态适应性是保护生物多样性的关键。应选择那些适应当地生态环境、生长良好、病虫害少的植物品种进行种植。同时，应注重引入具有生态价值和保护意义的物种，如珍稀濒危植物、乡土树种等，以丰富生态系统的物种多样性和复杂性。

此外，还应避免引入可能对当地生态系统造成威胁的外来物种。对于已经引入的外来物种，需要加强监测和管理，防止其扩散和破坏当地生态系统。合理的品种选择和生态适应性管理，可以确保植物种植与生物多样性保护的协同发展。

## （三）生态修复与恢复技术

生态修复与恢复技术是促进生物多样性保护与植物种植协同发展的重要手段。对于已经遭受破坏或退化的生态系统，可以采用生态修复技术进行恢复和重建。这些技术包括植被恢复、土壤改良、水源涵养等，旨在恢复生态系统的结构和功能，提高生态系统的稳定性和抵抗力。

在植物种植过程中，可以结合生态修复技术，选择适宜的植物种类和种植方式，促进生态系统的恢复和重建。例如，在退化土地上进行植被恢复时，可以选择具有生态修复功能的植物种类进行种植，如耐盐碱植物、固沙植物等。这些植物不仅可以改善土壤环境、提升植被覆盖度，还可以为生物多样性的恢复提供有利条件。

### （四）加强监测与评估

加强监测与评估是实现生物多样性保护与植物种植协同发展的必要手段。通过对生态系统的监测和评估，我们可以及时了解生态系统的变化和生物多样性保护的效果，为制定和调整保护策略提供科学依据。

在植物种植过程中，应加强对种植区域的监测和评估，通过监测植物的生长情况、病虫害发生情况以及生态系统的响应情况等信息，评估植物种植对生物多样性的影响和效果。然后根据监测结果，及时调整种植策略和管理措施，确保植物种植与生物多样性保护的协同发展。

此外，还应加强与其他生态保护措施的结合和协调。例如，在生态保护项目中，可以将植物种植与野生动物保护、湿地保护等措施相结合，共同推动生物多样性的保护和恢复。通过采取以上措施，我们以及与其他生态保护措施的结合和协调，确保生物多样性保护与植物种植的协同发展取得更好的效果。

# 第八章　园林植物的养护管理

## 第一节　养护管理的重要性

### 一、养护管理对园林植物健康的影响

园林植物的养护管理是保证园林植物健康生长、维持园林景观美观和生态功能稳定的关键环节。从多个方面来看，养护管理对园林植物健康的影响深远且重要。以下从四个方面详细分析养护管理对园林植物健康的影响：

#### （一）保证植物正常生长与发育

养护管理首先确保了园林植物的正常生长与发育。合理的浇水、施肥、修剪等管理措施，能够满足植物在不同生长阶段对水分、养分和光照等生长条件的需求。这些基本的管理措施能够保障植物的根系发达、叶片繁茂、花色鲜艳，从而提高植物的观赏价值和生态效益。

具体而言，浇水是植物生长的基础，过多或过少的水分都会影响植物的正常生长。科学合理地安排浇水时间和浇水量，可以保证植物根系的正常呼吸和生长。施肥则是为植物提供必要的营养元素，可以促进植物的生长和发育。不同的植物在不同的生长阶段对养分的需求不同，因此，需要根据植物的生长特性和需求进行合理的施肥管理。

此外，修剪也是养护管理中的重要环节。我们通过修剪可以控制植物的形态和高度，保持植物的美观性，还可以促进植物的分枝和侧芽生长，增加植物的叶片面积和提高光合作用效率。

## （二）提高植物的抗逆性

养护管理能够提高园林植物的抗逆性。园林植物在生长过程中会遇到各种不利因素，如病虫害、干旱、洪涝等自然灾害。养护管理可以增强植物的抗逆性，使植物更好地适应各种环境条件。

例如，在病虫害防治方面，合理的养护管理可以减少病虫害的发生和传播。定期清理落叶、杂草等垃圾，可以减少病虫害的滋生场所；加强植物检疫和监测，可以及时发现并处理病虫害问题；采用生物防治、物理防治等环保方法防治病虫害，可以减少对植物的伤害和环境的污染。

在应对自然灾害方面，加强植物的根系培养、增强土壤保水能力等措施可以提高植物的抗旱性；加强排水设施的建设、减少积水等措施，可以提高植物的抗涝性。这些措施都可以增强植物的抗逆性，使植物更好地应对各种不利因素。

## （三）延长植物寿命

养护管理能够延长园林植物的寿命。合理的养护管理可以长缓植物的衰老过程，保持植物的健康状态。例如，在修剪过程中要注意保留植物的骨架枝和主枝，避免过度修剪导致植物失去生长力；在施肥过程中要根据植物的生长特性和需求进行合理的施肥管理，避免过度施肥导致植物根系受损或烧根。

此外，养护管理还可以及时发现并处理植物生长过程中的问题。例如，在巡视过程中要注意观察植物的生长状态和叶片颜色等变化，及时发现并处理植物的病虫害问题；在浇水过程中要注意观察土壤的湿度和植物的生长情况，及时调整浇水方案以满足植物的需求。这些措施都可以及时发现并处理植物的问题，避免问题恶化导致植物死亡。

## （四）提升园林景观价值

养护管理能够提升园林景观的价值。合理的养护管理可以使园林植物保持健康、美观的状态，为游客提供更好的观赏体验。例如，在花卉管理方面要注意花色、花期的搭配和协调，使花卉景观更加丰富多彩；在树木管理方面要注意树形、树冠的修剪和整形，使树木景观更加优美。这些措施都可以提升园林景观的价值，为游客提供更好的观赏体验。

## 二、养护管理对园林美观度的影响

园林植物的养护管理不仅仅关系到植物的健康生长，更直接影响到园林的整体美观度。一个精心养护的园林能够展现其独特的魅力，为游客带来愉悦的视觉享受。以下从四个方面详细分析养护管理对园林美观度的影响：

### （一）塑造整齐有序的园林形态

养护管理首先通过塑造整齐有序的园林形态提升园林的美观度。定期的修剪、整形，可以控制植物的生长方向，保持植物形态的均衡与美观。例如，对于乔木，修剪可以去除枯枝、病枝，保持树冠的丰满与层次；对于灌木，修剪可以控制其高度与宽度，避免过于杂乱。此外，对草坪的养护也至关重要，定期修剪可以使草坪保持平整、翠绿，为园林增添一份清新与活力。

其次，养护管理涉及对植物的布局与搭配。合理的植物配置，可以营造层次丰富的园林景观，如乔木、灌木、地被植物的结合，以及花卉的点缀等。这种布局方式不仅丰富了园林的视觉效果，还使园林空间更加和谐、统一。

### （二）展现植物的季相变化

养护管理有助于展现植物的季相变化，为园林增添一份独特的魅力。不同植物在不同季节会展现出不同的形态与色彩，如春天的花朵、夏天的绿叶、秋天的硕果、冬天的枯枝。养护管理可以确保植物在每个季节都保持最佳的生长状态，充分展现其季相变化。

例如，在春季，合理的施肥、浇水等措施可以促进花卉的盛开，使园林呈现出一片繁花似锦的景象；在秋季，加强对落叶植物的养护管理，可以保持其叶片的鲜艳与持久，为园林增添一份丰收的喜悦。这种季相变化不仅丰富了园林的景观效果，还为游客提供了更多的观赏乐趣。

### （三）保持园林的整洁

养护管理对保持园林的整洁至关重要。一个整洁的园林环境能够给人带来愉悦的感受，提升园林的美观度。定期清理落叶、杂草等垃圾可以减少病虫害的滋生，保持植物的健康生长；可以减少游客在游览过程中的不便与困扰。

此外，养护管理还包括对园林设施的维护与管理，如座椅、垃圾桶等设施的清洁与保养，以及照明、喷灌等设备的检修与维护等。这些设施的完好与整洁不仅提升了园林的整体形象，还为游客提供了更好的使用体验。

### （四）提升园林的文化内涵

养护管理在提升园林美观度的同时，还能够丰富园林的文化内涵。精心选择与搭配植物品种，可以营造具有地域特色的园林景观，如引入具有地方特色的树种、花卉等。这些植物不仅丰富了园林的视觉效果，还使园林更具地方特色和文化底蕴。

此外，养护管理还包括结合历史、文化等元素进行景观设计。如通过设置文化景观墙、雕塑等艺术装置，展现园林的历史变迁和文化内涵；通过举办园林文化展览、活动等形式，提升游客对园林文化的认同。这些措施不仅可以丰富园林的文化内涵，还可以为游客提供更加丰富的游览体验。

## 三、养护管理在园林可持续发展中的作用

随着人们环境保护意识的增强和可持续发展理念的普及，园林的可持续发展已成为现代园林建设的重要目标。养护管理作为园林建设的重要环节，在园林可持续发展中发挥着至关重要的作用。以下从四个方面详细分析养护管理在园林可持续发展中的作用：

### （一）促进生态平衡与生物多样性

养护管理通过精心规划和科学管理，能够维持园林的生态平衡，促进生物多样性的发展。首先，养护管理能够确保园林植物的健康生长，为各类生物提供稳定的栖息环境。例如，合理的植物配置可以为鸟类、昆虫等提供食物来源和栖息地，促进生物多样性的发展。其次，养护管理能够减少病虫害的发生，减少化学农药的使用量，保护生态环境。例如生物防治、物理防治等环保方法，可以减少化学农药对环境的污染，维持生态平衡。

在养护管理过程中，注重引入乡土树种和适生植物，能够增强园林生态系统的稳定性和适应性。乡土树种和适生植物具有更强的抗逆性与适应性，能够更好地适应本地气候和土壤条件，减少外来物种对本地生态系统的冲击。同时，这些植物还能够为本地生物提供适宜的栖息环境，促进生物多样性的发展。

## （二）提高资源利用效率

养护管理在园林可持续发展中能够提高资源利用效率。首先，科学的养护管理，可以合理控制植物的生长速度和密度，减少不必要的资源浪费。例如，合理的修剪和整形可以去除多余的枝条与叶片，降低植物的养分消耗；合理的灌溉和施肥可以确保植物获得足够的养分与水分，避免资源的浪费。其次，养护管理能够促进园林废弃物的资源化利用。对于园林废弃物，如落叶、枝条等，可以通过堆肥、生物能源等方式进行利用，将其转化为有用的资源。这些废弃物经过处理后可以作为肥料、能源等使用，从而减少对外部资源的依赖，提高资源利用效率。

## （三）增强公众环保意识与参与性

养护管理在园林可持续发展中能够增强公众环保意识与参与性。通过向公众宣传环保理念和园林知识，养护管理可以提高公众对园林环境保护的认识和重视程度。同时，养护管理还能够为公众提供参与园林建设和管理的机会，如志愿者活动、义务植树等。这些活动不仅能够增强公众的环保意识和责任感，还能够促进公众与园林之间的互动和交流，增强公众对园林的认同感和归属感。

## （四）促进经济发展与提升社会效益

养护管理在园林可持续发展中能够促进经济发展和提升社会效益。首先，科学的养护管理，可以确保园林植物的观赏价值和生态价值得到充分发挥，吸引更多的游客前来参观和游览。这不仅能够增加园林的门票收入和其他相关收入，还能够带动周边产业的发展和就业的增加。

其次，养护管理能够提升园林的知名度和美誉度，增强园林的品牌效应。一个管理得当、景观优美的园林往往能够成为城市的名片和象征，使城市吸引更多的投资者和合作机会。同时，园林还能够为市民提供休闲、娱乐、健身等场所，提高市民的生活质量和幸福感。

综上所述，养护管理在园林可持续发展中发挥着至关重要的作用。通过发挥促进生态平衡与生物多样性、提高资源利用效率、增强公众的环保意识与参与性、促进经济发展与提升社会效益等方面的作用，养护管理为园林的可持续发展提供了有力的保障和支持。

# 第二节　植物的日常养护措施

## 一、浇水与排水管理

在园林植物的日常养护中，浇水与排水管理是关键环节之一，直接关系到植物的健康生长和园林景观的维护。以下从四个方面对浇水与排水管理进行详细分析：

### （一）科学制订浇水计划

科学制订浇水计划是确保植物得到充足水分供应的基础。浇水计划应根据植物的种类、生长阶段、气候条件及土壤状况等因素加以制定。不同植物对水分的需求不同，其在生长旺盛期需要更多的水分，在休眠期需要的水分则相对较少。同时，气候条件如温度、湿度、降雨量等也会影响植物的水分需求。因此，在制订浇水计划时，需要充分考虑这些因素，并根据实际情况进行灵活调整。

在制订浇水计划时，还需注意以下几点：一是要避免过度浇水导致根系缺氧和腐烂；二是要避免在中午高温时段浇水，以免烫伤植物叶片；三是要定期检查土壤湿度，根据土壤湿度调整浇水频率和浇水量。

### （二）合理布置灌溉系统

合理布置灌溉系统是植物得到均匀、充分灌溉的重要保障。灌溉系统应根据植物布局、地形条件、水源条件等因素进行设计和布置。常见的灌溉系统包括滴灌、喷灌、微喷灌等。这些灌溉系统各有优缺点，我们需根据实际情况进行选择。

在布置灌溉系统时，还需注意以下几点：一是要确保灌溉系统覆盖所有植物，并保证灌溉均匀；二是要定期检查灌溉系统的运行状况，及时维修和更换损坏的部件；三是要根据植物生长情况和气候条件调整灌溉时间与频率，确保植物得到充足的水分供应。

### （三）有效排水以防止水涝

有效排水是防止植物因水涝而受损的重要措施。在园林设计中，应充分考虑排水问题，通过合理布置排水沟、设置排水管道等方式，确保雨水及时排出，避免积水对植物造成损害。

同时，在日常养护中，还需注意以下几点：一是要定期检查排水设施的畅通情况，及时清理堵塞的排水沟和排水管道；二是要关注天气预报，及时做好防涝准备；三是在雨季要加强巡视，及时发现并处理积水问题，防止植物因水涝而受损。

### （四）智能化浇水与排水管理

随着科技的发展，智能化浇水与排水管理逐渐成为园林养护的新趋势。引入智能传感器、控制器等设备，可以实现对植物水分需求的实时监测和精准控制，提高浇水与排水管理的效率和精准度。

智能化浇水与排水管理具有以下优点：一是能够根据植物的实际需求进行精准浇水，避免过度浇水或浇水不足；二是能够实时监测土壤湿度和降雨量等环境因素，为浇水与排水管理提供科学依据；三是能够节省人力成本，提高养护效率。

在推广智能化浇水与排水管理时，还需注意以下几点：一是要选择合适的智能设备和系统，确保其稳定性和可靠性；二是要加强培训和指导，提高养护人员的操作技能和管理水平；三是要建立完善的数据分析和处理机制，为养护决策提供有力支持。

## 二、施肥管理

在园林植物的日常养护中，施肥管理是一个至关重要的环节，它直接关系到植物的生长态势、健康状态及园林景观的持久性。以下从四个方面对施肥管理进行详细分析：

### （一）施肥原则与策略

施肥管理的首要任务是明确施肥的原则和策略。这需要根据植物的种类、生长阶段、土壤条件及环境条件等因素进行制定。施肥的原则是"适时、适量、适法"，即要在植物最需要养分的时期施肥，按照植物的需求量施肥，并采用合适的施肥方法。在策略上，应采取"基肥与追肥相结合"的方式，基肥能为植物提供长期稳定的养分来源，追肥根是据植物的生长情况和环境条件进行养分补充。

在实施施肥管理时，还需注意以下几点：一是要避免过量施肥，以免植物营养过剩，引发一系列生理病害；二是要注意施肥的均匀性，确保植物各部分都得到充足的养分；三是要根据植物的生长习性和土壤条件选择合适的肥料种类与施肥方式。

## （二）肥料种类与选择

肥料种类与选择是施肥管理的重要环节。根据肥料的来源和性质，植物肥料可分为有机肥、无机肥和生物肥等。有机肥含有丰富的有机质和营养元素，能够改善土壤结构，提高土壤肥力，是园林植物施肥的首选。无机肥具有养分含量高、肥效快的特点，但长期使用可能导致土壤板结、肥力下降。生物肥则是指利用微生物或微生物代谢产物制成的肥料，其具有环保、无污染的优点。

在选择肥料时，应充分考虑植物的养分需求和土壤条件。对于养分需求较高的植物，可选择养分含量较高的无机肥；对于土壤贫瘠或板结严重的地区，应优先使用有机肥或生物肥。同时，还应注意肥料的品质，选择正规厂家生产的合格肥料。

## （三）施肥方法与技巧

施肥方法与技巧对于提高施肥效果至关重要。常见的施肥方法包括基肥、追肥、叶面施肥等。基肥是在植物种植前或翻地时施入土壤的肥料，能为植物提供长期稳定的养分来源。追肥是在植物生长期间根据植物的生长情况和环境条件进行补充施肥。叶面施肥是通过喷施肥料溶液于植物叶片上，使植物通过叶片吸收养分。

在施肥过程中，还需注意以下几点技巧：一是要均匀施肥，确保植物各部分都能得到充足的养分；二是要避免肥料直接接触植物根系或叶片，以免造成烧根或烧叶；三是要根据植物的生长习性和环境条件选择合适的施肥时间与频率。

### （四）施肥监测与调整

施肥监测与调整是确保施肥效果的关键环节。定期监测植物的生长情况、土壤养分含量及环境条件等因素，可以及时发现施肥过程中存在的问题并进行调整。监测指标包括植物的株高、冠幅、叶片颜色、生长势等，以及土壤中的氮、磷、钾等主要养分含量。

在监测过程中，如发现植物生长不良或土壤养分不足等情况，应及时采取措施进行调整，如增加施肥量、更换肥料种类、改变施肥时间等。同时，应注意记录施肥情况和监测数据，为今后的施肥管理提供参考依据。

综上所述，施肥管理是园林植物日常养护的重要环节。明确施肥原则与策略、肥料种类与选择施肥方法与技巧以及选择施肥监测与调整等措施，可以确保植物得到充足的养分供应，保证植物健康生长和园林景观的持久性。

## 三、病虫害防治

在园林植物的养护管理中，病虫害防治是不可或缺的一环。病虫害的发生不仅影响植物的正常生长，还可能对园林景观造成破坏，甚至引发更严重的生态问题。因此，从以下四个方面深入分析病虫害防治的重要性及实施策略，这对于维护园林植物的健康和美观至关重要。

### （一）预防为主，综合防治

病虫害防治的首要原则是"预防为主，综合防治"。这意味着在园林植物的养护过程中，应优先采取预防措施，减少病虫害的发生。同时，当病虫害发生时，应采取综合防治措施，包括物理、生物和化学等手段，以达到最佳防治效果。

在预防方面，首先应选择抗病虫害能力强的植物品种，减少病虫害的潜在威胁。其次，通过合理的养护管理，如适时浇水、施肥、修剪等，增强植物的抵抗力。最后，定期清理落叶、枯枝等病虫害的藏匿地，破坏病虫害的生存环境，也是有效的预防措施。

在综合防治方面，应根据病虫害的种类和发生特点，选择合适的防治方法。例如，对于某些害虫，可以采用灯光诱杀、黄板诱杀等物理方法；对于某些病害，可以利用生物天敌或微生物制剂进行生物防治；在必要的情况下，可选用低毒、高效的化学农药进行化学防治。但需注意，化学农药的使用应严格控制剂量和频次，避免对环境和人体造成危害。

## （二）监测预警，科学防治

病虫害防治的又一个重要方面是监测预警，科学防治通过定期巡查和监测，我们及时发现病虫害的发生和扩散情况，为科学防治提供依据。监测预警系统包括人工巡查、远程监控、生物指示物等手段。

在监测预警的基础上，应制定科学的防治方案。这需要根据病虫害的种类、发生程度、环境条件等因素进行综合考虑，选择合适的防治方法和时机。同时，需注意防治过程中的安全性和环保性，避免对环境和人体造成不良影响。

## （三）加强科研，提高防治技术水平

随着科学技术的不断进步，病虫害防治技术也在不断发展。因此，加强科研，提高防治技术是防治病虫害的重要途径。

科研工作可以围绕以下几个方面展开：一是研究病虫害的发生规律和防治机理，为制定科学的防治方案提供依据；二是开发新型环保的防治技术和产品，减少化学农药的使用；三是加强国际合作和交流，引进先进的防治技术和经验。

## （四）公众参与，共建绿色家园

病虫害防治不仅是园林养护管理部门的责任，也需要公众的广泛参与。可以通过加强宣传教育，提高公众对病虫害防治的认识和重视程度，引导公众积极参与园林植物的养护和病虫害防治。

公众参与的方式多种多样，如参与园林植物的养护工作、参与病虫害的监测和报告、参与环保公益活动等。这些活动不仅可以增强公众的环保意识和责任感，还可以促进公众与园林之间的互动和交流，共同建设美好的绿色家园。

综上所述，病虫害防治是园林植物养护管理的重要环节。预防为主、综合防治，监测预警、科学防治，加强科研、提高防治技术和公众参与、共建绿色家园等手段的综合运用，可以有效控制病虫害的发生和扩散，保障园林植物的健康和美观。

## 四、修剪与整形

在园林植物的养护管理中，修剪与整形是一项至关重要的工作。它不仅能够塑造植物的美观形态，提升园林景观的观赏价值，还能够促进植物的健康生长，减少病虫害的发生。以下将从四个方面对修剪与整形进行深入分析：

### （一）修剪与整形的基本原则

修剪与整形的基本原则是确保植物的健康生长和形态美观。首先，要根据植物的种类、生长习性、生长环境等因素，制定合适的修剪方案。对于不同种类的植物，修剪的方式、时间和频率都有所不同。其次，修剪时要遵循"适度、适时、适法"的原则。适度是指修剪量要适中，避免过度修剪导致植物受损；适时是指选择合适的修剪时间，如在植物休眠期或生长旺盛期进行修剪；适法是指采用正确的修剪方法，如使用锋利的工具、保持切口平滑等。

此外，修剪与整形还应注重整体的协调性和美观性。要根据植物的生长特点和景观需求，合理安排修剪的形状、高度和密度等，使整个园林景观更加和谐统一。

### （二）修剪与整形的技术方法

修剪与整形的技术方法多种多样，包括剪除、疏剪、短截、缩剪等。剪除主要是去除病弱枝、枯枝、交叉枝等，以保持植物的健康生长；疏剪是去除过密的枝条，增加植物的通风透光性；短截是将枝条剪短至一定长度，以刺激侧芽的生长，增强树冠的密度；缩剪是将枝条剪短至多年生部位，以改变树冠的形状和大小。

在修剪过程中，需要掌握正确的技术方法。首先，要使用锋利的修剪工具，以减少对植物的伤害。其次，要保持切口平滑，避免撕裂树皮或损伤枝条。最后，修剪时还需注意保护芽眼和树皮，避免过度修剪导致植物死亡或生长不良。

### （三）修剪与整形的时间选择

修剪与整形的时间选择对于植物的生长和景观效果具有重要影响。一般来说，修剪时间应根据植物的生长习性和景观需求进行确定。对于落叶植物，一般在休眠期进行修剪，以减少养分消耗和病虫害的发生；对于常绿植物，可以在生长旺盛期进行修剪，以保持树冠的整洁和美观。

此外，在特殊情况下，如病虫害严重、自然灾害等情况，也需要及时进行修剪与整形工作，以减少损失并恢复植物的生长态势。

### （四）修剪与整形在园林设计中的应用

修剪与整形在园林设计中具有广泛的应用价值。合理的修剪与整形，可以塑造出各种独特的植物形态和景观效果。例如，通过修剪塑造出球形、圆锥形、圆柱形等不同的树冠形状，通过整形营造出曲线流畅、层次分明、错落有致的植物群落。

在园林设计中，修剪与整形可以与其他设计元素相结合，如地形、水体、建筑等，共同营造出丰富多彩的园林景观。同时，修剪与整形还可以根据季节的变化进行调整，使园林景观在不同季节呈现出不同的韵味和魅力。

总之，修剪与整形是园林植物养护管理中不可或缺的一环。通过遵循基本原则、掌握技术方法、选择合适的时间和灵活应用于园林设计，修建与整形可以塑造出健康美观的园林植物形态和景观效果。

## 第三节　植物的更新与改造

### 一、植物更新与改造的必要性

随着园林养护管理的不断深入和景观需求的不断变化，植物的更新与改造成为一项必不可少的工作。它不仅能够优化植物配置，提升园林景观质量，还能够使植物适应环境变化，促进生态系统的健康发展。以下从四个方面对植物更新与改造的必要性进行深入分析：

## （一）优化植物配置，提升景观效果

植物配置是园林景观设计的基础，合理的植物配置能够使园林景观更加和谐、美观。然而，随着时间的推移，部分植物可能因为生长不良、老化等，逐渐失去观赏价值。此时，进行植物的更新与改造，选择更加适合当地生长条件、观赏价值更高的植物品种进行替换，能够有效提升园林景观的观赏效果。同时，合理的植物配置能够营造出不同的空间氛围和景观风格，满足人们多样化的审美需求。

## （二）适应环境变化，提高植物适应性

环境因素是影响植物生长的重要因素之一。在气候变化、城市环境变迁等因素的影响下，部分植物可能无法适应新的生长环境，出现生长不良、病虫害频发等问题。此时，进行植物的更新与改造，选择更加适应新环境的植物品种进行替换，能够提高植物的适应性，减少环境变化导致的植物生长不良问题。同时，引进新品种、新技术等手段，能够增强植物的抗逆性，提高其在极端环境下的生存能力。

## （三）促进生态系统健康发展，维护生态平衡

植物是生态系统的重要组成部分，它们通过光合作用、呼吸作用等生理过程，为生态系统提供能量和物质。然而，病虫害、人为破坏等原因会导致生态系统失衡。此时，进行植物的更新与改造、引入具有生态功能的植物品种、构建多样化的植物群落等手段，能够促进生态系统的健康发展，维护生态平衡。同时，优化植物配置，能够提高生态系统的稳定性和抗干扰能力，增强其对环境变化的适应能力。

## （四）满足社会发展需求，推动园林事业发展

随着社会的发展和生活水平的提高，人们对园林景观的需求也在不断变化。传统的园林植物配置已经无法满足现代人的审美和休闲需求。因此，进行植物的更新与改造，引入新品种、新技术、新理念等，能够满足人们对园林景观的新需求，推动园林事业的发展。同时，植物的更新与改造，够带动相关产业的发展，如花卉产业、园艺产业等，促进地方经济的繁荣发展。

综上所述，植物的更新与改造是园林养护管理中必不可少的一环。通过

优化植物配置、适应环境变化、促进生态系统健康以及满足社会发展需求等方面的努力，我们可以提升园林景观效果、提高植物的适应性、维护生态平衡以及推动园林事业发展。因此，我们应该高度重视植物的更新与改造工作，并采取相应的措施和策略推动其顺利进行。

## 二、植物更新与改造的方法和步骤

### （一）前期调研与评估

在进行植物更新与改造之前，前期调研与评估是至关重要的一步。首先，需要全面了解现有植物群落的构成、生长状况、健康状况及景观效果。这包括植物的种类、数量、分布、树龄、病虫害情况等。同时，需考虑土壤条件、气候因素、光照强度等环境因子对植物生长的影响。

其次，在调研的基础上进行详细的评估。评估内容主要包括植物的生态功能、观赏价值、经济价值和景观协调性等方面。通过评估，我们可以明确哪些植物需要保留，哪些植物需要更新或改造，以及更新与改造的目标和重点。

在评估过程中，需要运用生态学、园林学、植物学等学科的知识，结合实际情况进行综合分析。同时，需考虑城市规划、景观设计等相关因素，确保更新与改造方案的科学性和合理性。

### （二）规划设计与方案制定

我们需要在前期调研与评估的基础上，进行规划设计与方案制定。首先，根据更新与改造的目标和重点，确定植物的选择原则和配置方式。在选择植物时，应充分考虑其生态适应性、观赏价值和经济效益，以及其与其他植物的协调性。

在配置植物时，应遵循生态优先、景观协调、功能完善等原则。根据植物的生长习性和空间布局要求，合理安排植物的种植位置和数量。同时，需考虑植物的季相变化和色彩搭配，使景观效果更加丰富多彩。

在规划设计与方案制定工作过程中，需要运用 CAD、SketchUp 等设计软件进行辅助设计，通过三维模拟和效果图展示，更直观地呈现更新与改造后的景观效果。同时，还需进行多种方案的比较和优化，确保最终方案的科学性和可行性。

### （三）施工实施与过程管理

在规划设计与方案制定工作完成后，就进入了实施阶段。首先，根据施工方案进行施工准备，包括场地清理、土壤改良、水源供应等。其次，按照施工方案进行植物的种植和养护工作。

在施工过程中，需要加强过程管理，确保施工质量和进度。这包括对施工人员的培训和管理、施工材料的采购和质量控制、施工进度的监控和调整等方面。同时，需注意施工安全和环境保护问题，确保施工的顺利进行。

在植物种植过程中，需要按照植物的生长习性和技术要求进行种植。对于需要移植的植物，应采取合适的移植技术和保护措施，确保植物的存活率和生长质量。对于新种植的植物，应加强养护管理，包括浇水、施肥、修剪等工作，以促进植物的生长和发育。

### （四）后期养护与效果评估

在植物更新与改造完成后，进入后期养护与效果评估阶段。首先，需要加强植物的养护管理，确保植物的健康生长和景观效果。这包括定期浇水、施肥、修剪、病虫害防治等工作。其次，需注意植物的生长动态和环境变化，及时调整养护措施。

在养护过程中，需要进行效果评估。评估内容主要包括植物的存活率、生长状况、景观效果等方面。通过评估，我们可以了解更新与改造的效果和问题，为后续的养护管理提供依据。同时，还需将评估结果反馈给规划设计和施工实施阶段，为今后的植物更新与改造提供参考和借鉴。

在后期养护与效果评估过程中，需要建立科学的评估体系和方法，确保评估结果的客观性和准确性。同时，需加强与其他相关部门的沟通和协作，共同推动植物更新与改造工作的持续开展。

## 三、植物更新与改造后的养护管理

在园林植物的更新与改造工作完成后，便进入养护管理阶段。这一阶段同样重要，它直接关系到更新改造后植物的健康生长和景观效果的持久性。

以下从四个方面对植物更新与改造后的养护管理进行深入分析：

## （一）水肥管理

水肥管理是植物更新与改造后养护管理的基础。在更新改造后，植物需要一段时间的适应期，此时的水肥管理尤为重要。首先，要确保植物的水分供应充足，特别是在高温、干燥的季节，需要增加浇水次数和浇水量，以保持土壤湿润。其次，要注意排水，避免积水导致植物根系腐烂。其次，在施肥方面，应根据植物的种类、生长习性和土壤条件选择合适的肥料种类与施肥量，以保证植物的营养供应充足。在施肥时，要注意肥料的均匀性和深度，避免肥料直接接触植物根系造成烧根。

## （二）病虫害防治

病虫害防治是植物更新与改造后养护管理的重点。在更新改造后，由于植物种类和生长环境的变化，病虫害的种类和发生规律也可能发生变化。因此，需要密切关注植物的生长状况，及时发现病虫害的征兆并采取相应的防治措施。在防治过程中，要遵循预防为主、综合防治的原则，采取物理、生物、化学等手段进行防治。同时，也要注意使用安全、环保的农药和防治方法，避免对环境和人体造成危害。

## （三）修剪与整形

修剪与整形是植物更新与改造后养护管理的关键措施之一。通过修剪与整形可以保持植物的美观形态和生长态势，促进植物的健康生长。在修剪与整形时，要根据植物的种类、生长习性和景观需求选择合适的修剪方法与时间。例如，在生长旺盛期进行修剪可以促进侧芽的萌发和枝条的生长，在休眠期进行修剪可以减少养分消耗和病虫害的发生。同时，也要注意修剪的量和度，避免过度修剪导致植物受损或生长不良。

## （四）日常管理与维护

日常管理与维护是植物更新与改造后养护管理的日常工作。这包括清除落叶、枯枝等杂物，保持植物周围的环境整洁；检查植物的生长状况，及时发现并处理生长异常或病虫害等问题；定期对植物进行松土、除草等工作，以保持土壤松软、通气良好；根据季节和天气变化调整养护管理措施等。日常管理与维护可以及时发现并解决植物生长中的问题，保持植物的健康生长和景观效果的持久性。

　　总之，植物更新与改造后的养护管理是一项复杂而重要的工作。科学的水肥管理、有效的病虫害防治、合理的修剪与整形以及精细的日常管理与维护等措施的综合应用，可以保证植物更新与改造后的健康生长和景观效果的持久性。同时，我们也需要不断学习和探索新的养护管理技术与方法，以适应不断变化的环境和景观需求。

## 四、植物更新与改造对园林景观的影响

### （一）生态功能的提升

　　植物更新与改造对园林景观的生态功能有着显著的提升作用。首先，引入适应性更强、生态效益更高的植物种类，能够增强园林景观的生态系统稳定性。这些植物不仅能够在不同的气候条件下存活和生长，还能有效地提高土壤质量、增加土壤肥力，促进水分循环，从而提高整个园林的生态效益。

　　其次，植物更新与改造能够丰富园林景观的生物多样性。引入不同种类的植物，可以为各种生物提供食物来源、栖息地，以及繁衍生息的场所，从而吸引更多野生动物和昆虫，增强生态系统的复杂性。这种生物多样性的增强，不仅使园林景观更加生动有趣，还能够提高生态系统的自我调节能力，降低病虫害的发生率。

　　最后，植物更新与改造能够提高园林景观的环境质量。新种植的植物可以吸收空气中的污染物、降低噪声、调节微气候等，从而改善人们的居住环境。同时，这些植物还能够释放氧气、增加空气中的负离子含量，为人们提供更为舒适宜人的生活环境。

### （二）景观效果的改善

　　植物更新与改造对园林景观的景观效果有着显著的改善作用。首先，合理的植物配置和种植方式，可以使园林景观更加丰富多彩、层次分明。新种植的植物不仅能够为园林景观增添新的色彩和元素，还能够与其他植物、建筑、小品等景观元素相互呼应、相互衬托，形成更加和谐统一的景观效果。

其次，植物更新与改造能够增强园林景观的季相变化。引入不同季节开花的植物种类，可以使园林景观在不同的季节呈现不同的风貌和特色。这种季相变化不仅能够增强园林景观的观赏性和趣味性，还能够使人们在各季节都能够欣赏到美丽的风景。

最后，植物更新与改造能够丰富园林景观的文化内涵。引入具有地域特色和文化内涵的植物种类，可以使园林景观更加具有历史底蕴和文化气息。这些植物不仅能够为园林景观增添独特的文化元素，还能够使人们更好地了解和感受当地的历史文化与风土人情。

## （三）经济价值的提升

植物更新与改造对园林景观的经济价值有着显著的提升作用。首先，引入经济价值较高的植物种类，如观赏植物、药用植物等，可以增加园林景观的经济收益。这些植物不仅可以为园林景区带来门票收入，还可以作为特色商品被销售，增加景区的收入来源。

其次，植物更新与改造能够提升园林景观的知名度和吸引力。一个美丽、独特的园林景观能够吸引更多游客前来参观游览，从而增加景区的游客量和收入。同时，这些游客还会为当地的餐饮、住宿等产业带来消费，进一步促进当地经济的发展。

最后，植物更新与改造能够提高园林景观的资产价值。一个经过精心设计和改造的园林景观不仅具有较高的观赏价值与文化价值，还具有较高的资产价值。这种资产价值不仅体现在园林景观本身的价值上，还体现在其能够带来的经济效益和社会效益上。

## （四）社会效益的提升

植物更新与改造对园林景观的社会效益有重要的提升作用。首先，它能够提升居民的生活品质。一个美丽、宜人的园林景观能够为居民提供一个良好的休闲、娱乐和健身场所，使人们在紧张的工作之余能够放松身心、享受生活。

其次，植物更新与改造能够增强人们的环保意识。通过参与植物更新与改造的过程，人们能够更加深入地了解植物的生长习性和生态环境的重要性，从而增强环保意识，更积极地保护生态环境。

　　最后，植物更新与改造能够促进城市绿化和生态建设。一个经过精心设计和改造的园林景观不仅能够美化城市环境、提升城市形象，还能够为城市的绿化和生态建设作出贡献。这种贡献不仅体现在生态效益上，还体现在其能够带来的社会效益和经济效益上。

# 参考文献

[1] 杜迎刚 . 园林植物栽培与养护 [M]. 北京：北京工业大学出版社，2019.

[2] 顾建中，梁继华，田学辉 . 园林植物识别与应用 [M]. 长沙：湖南科学技术出版社，2019.

[3] 黄金凤 . 园林植物 [M]. 北京：中国水利水电出版社，2018.

[4] 贾东坡，齐伟 . 园林植物 [M]. 5 版 . 重庆：重庆大学出版社，2019.

[5] 江明艳，陈其兵 . 风景园林植物造景 [M]. 2 版 . 重庆：重庆大学出版社，2022.

[6] 李敏 . 热带园林植物造景 [M]. 北京：机械工业出版社，2020.

[7] 栾生超 . 榆林园林植物 [M]. 西安：陕西科学技术出版社，2022.

[8] 吕勐 . 园林景观与园林植物设计 [M]. 长春：吉林科学技术出版社，2022.

[9] 门志义，李同欣 . 园林植物与造景设计探析 [M]. 北京：中国商务出版社，2023.

[10] 彭素琼，徐大胜 . 园林植物病虫害防治 [M]. 成都：西南交通大学出版社，2013.

[11] 王铖，贺坤 . 园林植物识别与应用 [M]. 上海：上海科学技术出版社，2022.

[12] 谢云，胡华 . 园林植物景观规划设计 [M]. 武汉：华中科技大学出版社，2020.

[13] 杨琬莹 . 园林植物景观设计新探 [M]. 北京：北京工业大学出版社，2020.

[14] 尹金华 . 园林植物造景 [M]. 北京：中国轻工业出版社，2020.

[15] 袁惠燕，王波，刘婷 . 园林植物栽培养护 [M]. 苏州：苏州大学出版社，2019.

[16] 张凤，朱新华，窦晓蕴 . 园林植物 [M]. 北京：北京理工大学出版社，2021.

[17] 张文静，许桂芳 . 园林植物 [M]. 郑州：黄河水利出版社，2010.

[18] 张文婷，王子邦 . 园林植物景观设计 [M]. 西安：西安交通大学出版社，2020.

[19] 周丽娜 . 园林植物色彩配置 [M]. 天津：天津大学出版社，2020.